四川省中等职业学校农林牧渔类专业实训指导

主　编	闫书贵	黄雅杰	杨秀雄			
副主编	张　平	韦献雅	何仁华	熊志斌	王　荣	吴　强
	姜法铭					
编　者	龙开安	潘廷杰	王华南	张晓龙	张　怀	邓　松
	王　博	杨明富	周才贵	侯　冰	刘建文	龚钟见
	张迎芳	杨文双	张　庆	舒晓霞	左少强	王怀禹
	鄢志明	黄点点	鲜凌瑾	杨冬芸	姚　丽	黄　兴
	罗宗祥	赵　彬	索庆林	钟　义	蔡　卓	秦　琴
	邹盼红	肖仕远	李昌元	文　源	傅顺平	陈晓春
	黄名英	龙世英	赵　红	卢吕义	冉萍蓉	张金荣
	唐小红	詹建举	淳文丰	赵丽华	刘　政	王　静
	谌先明	韩建琼	罗　涵	王玉梅	何小曼	陈　煜
	段学琴	刘　娟	张春萍	安加琪	唐金凤	王正森
	艾忠岩	杨雨航	邱仕鹏	杨逢春	张炳武	郭方燕
	钟长春	陈金平	张　勇	陈良忠	李成军	秦　颖
	孙　华	向　兰	杨　泉	伏　勇	赵　玲	冯　祯
绘　图	谢　月					

北京理工大学出版社
BEIJING INSTITUTE OF TECHNOLOGY PRESS

版权专有　侵权必究

图书在版编目(CIP)数据

四川省中等职业学校农林牧渔类专业实训指导 / 闫书贵, 黄雅杰, 杨秀雄主编. -- 北京：北京理工大学出版社, 2024.11.

ISBN 978-7-5763-3877-5

I . S

中国国家版本馆 CIP 数据核字第 2024X6G992 号

责任编辑： 杜　枝		**文案编辑：** 杜　枝	
责任校对： 刘亚男		**责任印制：** 施胜娟	

出版发行 / 北京理工大学出版社有限责任公司

社　　址 / 北京市丰台区四合庄路 6 号

邮　　编 / 100070

电　　话 / (010) 68914026（教材售后服务热线）

　　　　　 (010) 63726648（课件资源服务热线）

网　　址 / http://www.bitpress.com.cn

版 印 次 / 2024 年 11 月第 1 版第 1 次印刷

印　　刷 / 定州市新华印刷有限公司

开　　本 / 889 mm×1194 mm　1/16

印　　张 / 15.5

字　　数 / 400 千字

定　　价 / 75.00 元

图书出现印装质量问题，请拨打售后服务热线，负责调换

前言

"民族要振兴、乡村必振兴"。2024年中央1号文件指出："实施乡村振兴人才支持计划，加大乡村本土人才培养，有序引导城市各类专业技术人才下乡服务，全面提高农民综合素质。"教育、科技、人才是全面建设社会主义现代化国家的基础性、战略性支撑，也是新时代推进乡村全面振兴的关键要素，是实现农业农村现代化、加快建设农业强国的动力之源。主动融入地方产业发展规划，优化或调整专业方向，实现专业设置与产业需求对接、课程内容与职业标准对接、教学过程与生产过程对接、毕业证书与职业资格证书对接，发展好农林牧渔类专业，使职业技术教育更好地满足乡村人才的需求，有效培育本土乡村人才，是涉农中高职院校的重要使命，提高学生的技术技能水平是涉农专业的首要任务。

《四川省中等职业学校农林牧渔类专业实训指导》是在《中华人民共和国职业教育法(新)》《四川省职业教育条例》等法律法规出台后，为培养能在当地"留得住、用得上"的现代农业技术技能人才，服务四川农业高质量发展，由成都农业科技职业学院等高职院校、四川省苍溪县职业高级中学、四川省闫书贵名师工作室联合开发的中高职衔接技能实训教材。本书为适应新时代职业教育"岗课赛证"融通的培养规格要求，按项目—任务体例编写，参考国家涉农专业教学要求和国家农业农村部相关规范标准和规程，以四川省中等职业学校农林牧渔类专业人才培养方案和课程标准为依据，融入农业、畜牧业生产人员相关职业技能等级标准，结合国家、省职业技能大赛赛项规程要求，设置通用实训项目1个(显微镜结构与操作)、种植类实训项目4个[常见作物主要病虫害识别与防治、植物嫁接技术、红墨水法快速测定种子生活力(玉米)、测定作物种子的千粒重(小麦)]和养殖类实训项目4个(畜禽品种识别、畜禽器官识别、细菌平板划线分离技术、缝合技术)。本书以具体实训任务为驱动，科学设置知识、能力和素质三维目标，重点介绍了项目基础知识、实践操作，并根据项目精心设计了考核评价表和练习题，配备了必要的信息化教学资源，具有较强的针对性和实用性。

本书通俗易懂、简洁实用，除可作为中等职业教育涉农专业实训教材外，还可作为新型职业农民培养的专业技术指导用书。

本书编写单位主要有：成都农业科技职业学院、宜宾职业技术学院、眉山职业技术学院、达州职业技术学院、乐山职业技术学院、南充职业技术学院、四川省苍溪县职业高级中学、四川省宣汉职业中专学校、四川省安岳第一职业技术学校、甘孜藏族自治州职业技术学校、四川省长宁县职业技术学校、四川省旺苍职业中学、遂宁市船山职业技术学校、四川省筠连县职业技术学校、四川省大英县中等职业技术学校、四川省合江县职业高级中学校、凉山州盐源县职业技术中学校、四川省蓬溪县中等职业技术学校、南江县小河职业中学、巴中市恩阳区职业中学、遂宁市职业技术学校、冕宁县职业技术学校。

本书由闫书贵、黄雅杰、杨秀雄主编,由张平、韦献雅、何仁华、熊志斌、王荣、吴强、姜法铭任副主编。编写人员分工为:项目一(显微镜结构与操作)由龙开安、闫书贵、杨文双、陈煜、段学琴、舒晓霞、淳文丰、赵丽华、刘政、刘娟、向兰编写;项目二(常见作物主要病虫害识别与防治)由闫书贵、吴强、张迎芳、索庆林、姚丽、杨明富、冉萍蓉、张春萍、安加琪、唐金凤、王正森、艾忠岩、杨泉、伏勇、赵玲、冯祯编写;项目三(植物嫁接技术)由潘廷杰、左少强、王荣、闫书贵、赵红、卢吕义、邹盼红、韦献雅、刘建文、杨雨航、邱仕鹏编写;项目四[红墨水法快速测定种子生活力(玉米)]由熊志斌、何仁华、舒晓霞、周才贵、王华南、钟长春、王静、陈金平、张勇编写;项目五[测定作物种子的千粒重(小麦)]由何仁华、熊志斌、王玉梅、何小曼、张金荣、秦琴、韦献雅、杨逢春、罗涵、张炳武、郭方燕编写;项目六(畜禽品种识别)由杨秀雄、邓松、龙开安、陈晓春、张平、王怀禹、李昌元、龚钟见、鄢志明、陈良忠、李成军、姜法铭编写;项目七(畜禽器官识别)由张晓龙、王博、黄兴、张平、黄点点、唐小红、王怀禹、鲜凌瑾、肖仕远、韩建琼、詹建举、谌先明编写;项目八(细菌平板划线分离技术)由张怀、杨冬芸、黄雅杰、文源、龙世英编写;项目九(缝合技术)由侯冰、张庆、杨冬芸、黄雅杰、邓松、罗宗祥、赵彬、鲜凌瑾、钟义、傅顺平、唐金凤、秦颖、蔡卓、黄名英、孙华、谌先明编写。本书手绘图由谢月绘制。

全书由黄雅杰、闫书贵、舒晓霞、姚丽、张金荣、黄兴、杨冬芸、陈晓春、黄名英统稿和修订。

由于编者水平有限,书中难免存在错漏之处,恳请专家、读者指正,以便进一步完善。

编 者

2024 年 6 月

目录

项目一 显微镜结构与操作　　1
　　任务　显微镜结构与操作 …………………………………………………… 2

项目二 常见作物主要病虫害识别与防治　　11
　　任务1　水稻病虫害识别与防治 …………………………………………… 12
　　任务2　小麦病虫害识别与防治 …………………………………………… 33
　　任务3　玉米病虫害识别与防治 …………………………………………… 47
　　任务4　黄瓜病虫害识别与防治 …………………………………………… 56
　　任务5　柑橘病虫害识别与防治 …………………………………………… 63
　*任务6　食品安全与昆虫标本制作 …………………………………………… 88

项目三 植物嫁接技术　　97
　　任务1　植物嫁接技术 ……………………………………………………… 98
　*任务2　蔬菜嫁接技术 ……………………………………………………… 107

项目四 红墨水法快速测定种子生活力(玉米)　　113
　　任务　红墨水法快速测定种子生活力(玉米) …………………………… 114

---

　　*：选练技能任务

— 1 —

项目五 测定作物种子的千粒重(小麦) 125

    任务　测定作物种子的千粒重(小麦) …………………………………………… 126

项目六 畜禽品种识别 135

    任务1　鸡的品种识别 …………………………………………………………… 136

    任务2　猪的品种识别 …………………………………………………………… 151

    任务3　牛的品种识别 …………………………………………………………… 163

项目七 畜禽器官识别 181

    任务1　猪的器官识别 …………………………………………………………… 182

    任务2　鸡的器官识别 …………………………………………………………… 195

项目八 细菌平板划线分离技术 209

    任务　细菌平板划线分离技术 …………………………………………………… 210

项目九 缝合技术 219

    任务　缝合技术 …………………………………………………………………… 220

参考答案 237

参考文献 241

项目一　显微镜结构与操作

训练目标

一、知识目标
1. 认识光学显微镜，了解显微镜的成像特点；
2. 掌握显微镜的结构及各部分的功能；
3. 掌握显微镜的操作步骤及注意事项；
4. 了解保养显微镜的目的与意义。

二、能力目标
能正确、熟练使用显微镜，借助显微镜进行观察和实验。

三、素质目标
1. 培养学生精益求精、实事求是的科学精神；
2. 树立学生规范操作精密仪器的意识；
3. 培养学生理论联系实际、助力乡村振兴的意识。

考纲要求

一、技能考点
1. 掌握显微镜主要结构的名称；
2. 掌握显微镜主要结构的功能；
3. 掌握显微镜的对光技巧；
4. 掌握显微镜玻片标本的安装方法；
5. 掌握显微镜低倍镜的使用及其正确调焦；
6. 掌握显微镜高倍镜的使用；
7. 了解显微镜使用完毕后恢复至初始状态的目的与意义。

二、职业素养
1. 了解正确的器具归位方法；
2. 培养学生严谨求实的科学态度，树立学生规范操作精密仪器的意识。

任务　显微镜结构与操作

基础知识

一、显微镜概述

显微镜是一种用于观察微小物体的仪器，它可以放大物体的细节，使我们能够看到肉眼无法观察到的微小结构和现象。根据不同的工作原理和使用方法，显微镜可以分为光学显微镜、电子显微镜和扫描探针显微镜三大类。每种显微镜都有其特定的适用范围和优势，在科学研究、材料分析和生物医学等领域发挥着重要作用。用于中小学教学的主要是光学显微镜。

二、认识光学显微镜

1. 光学显微镜的结构及功能

光学显微镜由机械部分和光学部分组成。机械部分包括镜座、镜柱、镜臂、镜筒、转换器、载物台、压片夹、粗准焦螺旋、细准焦螺旋、推进器、亮度调节旋钮等，光学部分包括物镜、目镜、通光孔、聚光器、电光源等，见图1-1。

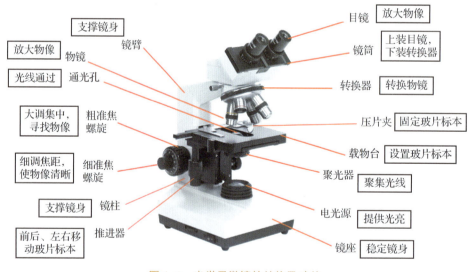

图1-1　光学显微镜的结构及功能

2. 显微镜的成像特点

显微镜的放大倍数等于所用物镜与目镜放大倍数的乘积。目镜没有螺纹，镜头越长，放大倍数越小；物镜有螺纹，镜头越短，放大倍数越小。显微镜视野观察的特点有：低倍镜下细胞数目多，体积小，视野亮；高倍镜下细胞数目少，体积大，视野暗。

显微镜下所成的物像是倒立的虚像，即上下、左右均是颠倒的。如细胞在显微镜下的物像偏"右上方"，则其实际在载玻片上是偏"左下方"的，要将其移至视野中央，应将玻片标本向"右上方"移动。

三、显微镜的使用

1. 取镜与安放

取下显微镜的保护罩，折叠整齐放在旁边。右手握住镜臂，左手托住镜座，使显微镜保持直立、平稳，置显微镜于清洁、平整的实验台上，略偏左，镜座距实验台边缘大约 7 cm。检查显微镜的各部分是否完好，并将显微镜及镜头擦拭干净，镜身机械部分可用纱布擦拭，光学部分只能用擦镜纸擦拭，不能用手指或其他物品擦拭镜头。

2. 对光

转动转换器，使低倍物镜对准通光孔（注意不要用手直接扳物镜）；将亮度调节旋钮调至最暗处，打开电源开关；双眼注视目镜内，同时调节亮度旋钮，使镜内光亮适宜。目镜中可以看到一个明亮的圆形视野，光亮程度适中时，则代表对光已完成。

3. 放片

规范拿取玻片标本（通过玻片标本边缘或专设部位拿取），把玻片标本置于载物台上，盖玻片朝上，并用压片夹固定，移动推进器使标本正对通光孔的中心。

4. 低倍镜观察

转动粗准焦螺旋使载物台缓缓上升（此时眼睛要从侧面注视物镜与玻片标本的距离），直到最高点或低倍物镜距玻片标本 0.5 cm 左右为度；双眼看向目镜内，缓慢匀速转动粗准焦螺旋使载物台缓缓下降（注意载物台下降的速度一定要慢），直到视野出现清晰物像为止；移动推进器，将视野中清晰、有代表的物像移到视野中央，以便观察。

若载物台下降到最低处，仍未寻找到物像，则需先检查标本是否已调至通光孔正中央，再重复以上步骤。

5. 高倍镜观察

转动转换器（注意不要用手直接扳物镜），将高倍物镜（40倍）对准通光孔；双眼看向目镜内，缓缓转动细准焦螺旋，使物像清晰（高倍镜下禁止使用粗准焦螺旋）。若此时视野内的光线较暗，可以调节亮度旋钮，增加光线强度。

6. 用后护理

（1）转动粗准焦螺旋，下降载物台至最低处，取出玻片标本。移动推进器，将载物台移回原位。将亮度调节旋钮调至最低，并关闭电源。

（2）转动转换器时，将物镜转成"八"字形，或将倍数最小的物镜正对通光孔。

（3）用纱布把显微镜的镜身机械部分擦拭干净，用擦镜纸擦拭镜头。

（4）将显微镜平稳地送回原处，罩上保护罩。

（5）整理实验台。

四、显微镜的使用要点："四先四后"

①先弱后强：对光时先调较弱光，高倍镜下再根据需要增强光线。

②先低后高：观察时先使用低倍物镜，再使用高倍物镜。

③先升后降：观察时要先使载物台缓缓上升，再缓缓下降。

④先粗后细：观察时先使用粗准焦螺旋，再使用细准焦螺旋。

五、显微镜使用过程中的注意事项

（1）移动显微镜时，要右手握住镜臂、左手托住镜座，直立、平稳移动。

（2）物镜转换时，要将手指放在转换器的边缘转动，不要用手指拨动物镜和直接接触物镜；物镜转换必须一次到位，禁止将物镜转来转去。

(3)载物台上升时,眼睛一定要在侧面观察物镜位置,防止物镜压坏玻片标本,损伤物镜。

(4)不能用手或布直接擦拭镜头,要用擦镜纸擦拭。若镜头上沾有不易擦去的污物,可先用擦镜纸蘸少许乙醇擦拭干净,再换用干净的擦镜纸擦拭一遍。

实践操作

一、训练准备

准备好电光源双目显微镜、玻片标本、擦镜纸、乙醇、纱布等。

二、显微镜调试

(1)取镜。右手握住镜臂,左手托住镜座,见图1-2。

(2)安放。把显微镜置于清洁、平整的实验台上,略偏左,距实验台边缘7 cm左右(约一手掌宽),见图1-3。

(3)检查显微镜各部分是否完整,部件固定是否到位。

(4)转动转换器,使低倍物镜对准通光孔,见图1-4。

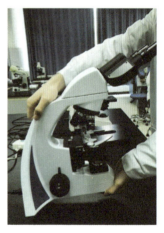

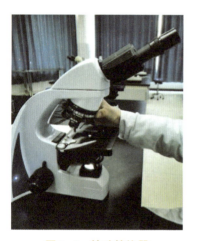

图1-2 取镜　　　图1-3 安放　　　图1-4 转动转换器

(5)打开电源开关,调节光线强弱,见图1-5、图1-6。

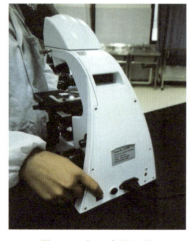

图1-5 打开电源开关　　　图1-6 调节光线强弱

三、低倍镜观察

（1）放片。把要观察的玻片标本正面（盖玻片）朝上放在载物台上，用压片夹固定，使标本正对通光孔的中心，见图1-7。

（2）升载物台。转动粗准焦螺旋，使载物台缓缓上升，直到最高点或低倍物镜距玻片标本0.5 cm左右为度。注意，眼睛要同时从侧面观察物镜与玻片标本的距离，以免物镜和玻片标本碰撞导致损坏，见图1-8。

（3）降载物台。双眼看向目镜内，同时转动粗准焦螺旋，使载物台缓缓下降，直到看清物像为止，见图1-9。

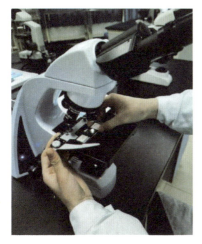
图1-7　放片

图1-8　升载物台

图1-9　降载物台

四、高倍镜观察

（1）在低倍物镜下，移动推进器，将视野中清晰、有代表的物像移至视野中央。

（2）物镜转换。转动转换器，移走低倍物镜，换上高倍物镜，见图1-10。

（3）高倍镜观察。双眼看向目镜内，缓缓转动细准焦螺旋，使物像清晰，见图1-11。

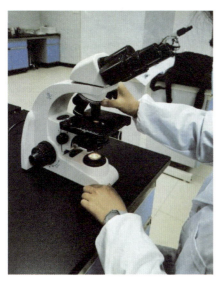
图1-10　调换高倍物镜

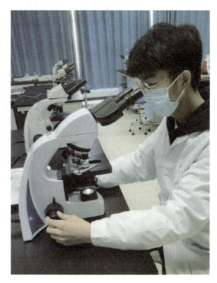
图1-11　调节细准焦螺旋

五、用后护理

(1)转动粗准焦螺旋，下降载物台至最低处，取出玻片标本。移动推进器，将载物台移回原位。将亮度调节旋钮调至最低，关闭电源。

(2)转动转换器，把物镜呈"八"字形偏到两旁，或将倍数最小的物镜正对通光孔，见图1-12。

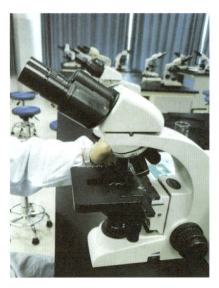

图1-12 物镜归位

(3)用纱布把显微镜镜身的机械部分擦拭干净，用擦镜纸擦拭目镜和物镜镜头，见图1-13。

(4)罩上保护罩，将显微镜放回原处，见图1-14。

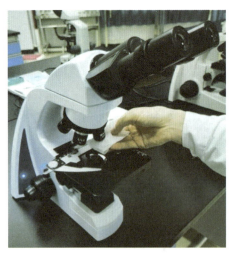 

图1-13 擦拭物镜　　　图1-14 显微镜归位

六、工位与场地整理

操作结束后，将所有物品放回原处、有序摆放，清洁、整理桌面，保持场地整洁。

七、职业素养

(1)操作前应进行规范教育，强调科学实验的严谨性和精确性，培养学生精益求精、实事求是的科学态度和实验精神。

(2)规范使用显微镜、玻片标本等工具,避免因操作不当导致的设备损坏或个人伤害。

(3)树立学生的环保、节约意识,不浪费材料,不损坏公物。

同步练习

基础知识练习

一、单项选择题

1. 当你使用的物镜为40×,目镜为10×时,你所看到的物像被放大了(　　)。
   A. 400倍　　　　　　B. 50倍　　　　　　C. 40倍　　　　　　D. 10倍

2. 可前后、左右移动玻片标本的是(　　)。
   A. 转换器　　　　　　B. 推进器　　　　　　C. 载物台　　　　　　D. 粗准焦螺旋

3. 在使用显微镜的过程当中,对光、升载物台和降载物台时,眼睛分别应该注视(　　)。
   A. 反光镜、目镜、物镜　　　　　　　　　B. 反光镜、物镜、目镜
   C. 物镜、物镜、目镜　　　　　　　　　　D. 目镜、物镜、目镜

4. 图1-15为显微镜观察到的两个视野,其中的黑色圆形为细胞A,是主要观察对象,要将视野①调整为视野②,正确的操作是(　　)。

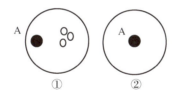

图1-15　两个视野

   A. 转动转换器　　　　　　　　　　　　　B. 转动细准焦螺旋
   C. 向左移动玻片标本　　　　　　　　　　D. 向右移动玻片标本

5. 关于显微镜的使用方法,下列说法正确的是(　　)。
   A. 若载玻片上写有字母"b",则显微镜下看到的物像是"p"
   B. 显微镜对光完成的标志是看到一个明亮的圆形视野
   C. 显微镜的放大倍数越大,观察的视野范围也就越大
   D. 调节粗准焦螺旋使载物台上升时,眼睛一定要注视目镜

6. 显微镜起放大作用的结构是(　　)。
   A. 遮光器和目镜　　B. 遮光器和物镜　　C. 遮光器和光源　　D. 目镜和物镜

7. 用低倍镜观察物像时,若载物台下降到最低处时仍未寻找到物像,则需先检查(　　)。
   A. 光亮强度是否合适　　　　　　　　　　B. 目镜与物镜是否在一条直线上
   C. 是否打开电源开关　　　　　　　　　　D. 标本是否已调至通光孔正中央

8. 观察同一材料的同一部位时,当低倍镜换成高倍镜后,(　　)。
   A. 细胞数量变多,视野变暗　　　　　　　B. 细胞数量变多,视野变亮
   C. 细胞数量变少,视野变暗　　　　　　　D. 细胞数量变少,视野变亮

9. 用显微镜进行观察时，若要转换物镜，则需要调节( )。
A. 转换器　　　　　B. 光圈　　　　　C. 光源　　　　　D. 目镜

10. 下列关于低倍镜使用的叙述中，错误的是( )。
A. 转动粗准焦螺旋时，应缓慢匀速
B. 禁止手握物镜镜头转动
C. 转换低倍镜时双眼应看目镜
D. 转换低倍镜时应从侧面看着物镜

二、多项选择题

1. 下列选项中，属于显微镜光学部分的有( )。
A. 通光孔　　　　　B. 镜筒　　　　　C. 目镜　　　　　D. 物镜

2. 在低倍镜下能观察到的清晰目标，转换高倍镜后却看不到了，其原因可能有( )。
A. 观察目标在视野之外　　　　　B. 整个视野变暗
C. 没有调节细准焦螺旋　　　　　D. 玻片标本被异物污染

3. 关于显微镜的结构与功能，下列搭配正确的有( )。
A. 转换器——可换用不同放大倍数的目镜　　　　　B. 推进器——向前后、左右移动玻片标本
C. 细准焦螺旋——使看到的物像更清晰　　　　　D. 粗准焦螺旋——寻找物像

三、判断题（判断下列描述的正误，描述正确的在括号内填 A，错误的填 B）

( ) 1. 若显微镜镜头上沾有油类物质，只能用纱布蘸少许乙醇擦拭干净。
( ) 2. 高倍物镜下只允许使用粗准焦螺旋。
( ) 3. 写有"W"字的载玻片，在显微镜下观察到的物像是"M"。
( ) 4. 粗准焦螺旋转动一周，上下移动的距离较细准焦螺旋小。
( ) 5. 显微镜的使用应遵循先低后高，先粗后细。
( ) 6. 显微镜的放大倍数越大，看到的细胞越大，但数量越少。
( ) 7. 换上高倍物镜后，必须先用粗准焦螺旋调焦，再用细准焦螺旋调至物像最清晰。
( ) 8. 将显微镜由低倍镜切换到高倍镜后，应调节粗准焦螺旋使物像更清晰。

技能训练

1. 根据显微镜实物，对照显微镜结构示意图，认识显微镜的各个部件，并熟悉各部件的功能。
2. 按要求规范操作显微镜。根据操作过程和结果，按表1-1进行评分。

表1-1　电光源双目显微镜操作技术评分表

项目	分值	评分细则	扣分及记录
取镜、安放	15	取下防尘罩叠好(2分)，右手握住镜臂，左手托住镜座(3分)；保持镜体直立、平稳移动(5分)；将显微镜安放在平整、洁净的实验台的适当位置，动作要轻(5分)	
对光	15	正确转动转换器(2分)，使低倍物镜对准通光孔(3分)；将亮度调节旋钮调至最暗处(2分)，打开电源开关(3分)；双眼注视目镜内，调节光线强弱，直至视野中出现亮度适中的圆形视野(5分)	
放片	10	规范拿取玻片标本；正确放置玻片标本；用压片夹固定玻片标本；移动推进器；使标本正对通光孔的中心(每项2分)	

项目一　显微镜结构与操作

续表

项目	分值	评分细则	扣分及记录
低倍镜观察	20	转动粗准焦螺旋使载物台缓缓上升(2分)，物镜和玻片标本距离适当(3分)，此时眼睛侧视物镜(3分)；双眼看向目镜内(3分)，转动粗准焦螺旋使载物台缓缓下降(3分)；视野内出现清晰的物像(3分)，移动推进器，使观察对象位于视野中央(3分)	
高倍镜观察	20	正确转动转换器(2分)，使高倍物镜对准通光孔(3分)；双眼看向目镜内，缓缓转动细准焦螺旋(5分)，使物像清晰(5分)；增加光线强度(5分)	
用后整理	10	转动粗准焦螺旋，下降载物台至最低处(1分)；取出玻片标本(1分)；移动推进器，将载物台归位(1分)；将亮度调至最暗(1分)，关闭电源(1分)；将物镜转成"八"字形(1分)；用纱布擦拭镜身，擦镜纸擦拭镜头(1分)；将显微镜放回原处(1分)；罩上保护罩(1分)；清洁整理实验台(1分)	
熟练程度	10	遵守安全操作规程、操作规范、熟练	
合计	100	得分：	

考核评价

显微镜结构与操作考核评价表

考核项目	内容	分值	得分
技能操作(共65分) (以小组为单位考核)	显微镜操作	40	
	理论知识掌握	25	
学习成效(共20分)	拓展作业	5	
	实习小结	5	
	实习总结	5	
	小组总结	5	
思想素质(共15分)	安全规范	3	
	纪律出勤	3	
	情感态度	3	
	团结协作	3	
	创新思维(主动发现问题、解决问题)	3	
合计		100	
评价人员签字	1. 任课教师： 2. 实习指导教师： 3. 专业带头人： 4. 园区(企业或行业)技术员：		

备注：未经允许，不得随意拆卸或调换显微镜的部件。严禁不按要求操作、故意损坏镜头等行为，如有损毁，视情节和态度扣除个人成绩20~40分，小组成员同时扣除安全生产及团结协作成绩，情节严重的将按照相关处理办法进行违纪处理。

知识拓展

洋葱表皮细胞的制片

制作洋葱表皮细胞临时装片的实验步骤可简单地总结为擦、滴、取、展、盖、染、吸。

(1)"擦":用洁净的纱布将载玻片和盖玻片擦拭干净。

(2)"滴":把载玻片放在实验台上,用滴管在载玻片的中央滴一滴清水。

(3)"取":用镊子从洋葱鳞片叶的内表面撕取一块 $3\sim5~mm^2$ 的表皮。

(4)"展":把撕取的表皮外面朝上放在载玻片中央的水滴中,用解剖针将其展平。

(5)"盖":用镊子夹起盖玻片,使它的一边先接触水滴,然后缓缓放下,盖在要观察的材料上,避免出现气泡。

(6)"染":在盖玻片的一侧滴加稀碘液。

(7)"吸":用吸水纸从盖玻片的另一侧将多余的染液吸出,使标本均匀染色。

项目二　常见作物主要病虫害识别与防治

训练目标

一、知识目标
1. 掌握水稻、玉米、小麦、黄瓜、柑橘的主要病虫害的识别方法；
2. 理解水稻、玉米、小麦、黄瓜、柑橘主要害虫的生活规律和主要病害循环；
3. 掌握水稻、玉米、小麦、黄瓜、柑橘的主要病虫害的防治技巧。

二、能力目标
1. 能正确识别水稻、玉米、小麦、黄瓜、柑橘的主要病虫害；
2. 能正确防治水稻、玉米、小麦、黄瓜、柑橘的主要病虫害。

三、素质目标
1. 树立食品安全和绿色环保意识；
2. 树立尊重自然、保护生物意识；
3. 培养精益求精、实事求是的科学精神；
4. 培养学生理论联系实际的能力和助力乡村振兴的志向。

考纲要求

一、技能考点
1. 掌握作物常见病虫害的识别方法(包括水稻的稻螟虫、稻纵卷叶螟、稻飞虱、稻瘟病、水稻纹枯病、水稻白叶枯病、水稻细菌性条斑病、稻曲病等3虫5病；小麦的麦蚜、小麦吸浆虫、黏虫、小麦锈病、小麦赤霉病、小麦白粉病等3虫3病；玉米的玉米螟、玉米大斑病与玉米小斑病等1虫2病；黄瓜的黄守瓜、黄瓜霜霉病、黄瓜疫病等1虫2病；柑橘的柑橘潜叶蛾、凤蝶类、天牛类、螨类、蚧类、柑橘黄龙病、柑橘溃疡病、柑橘疮痂病、柑橘炭疽病等5虫4病，共计29种)；
2. 了解水稻和玉米的主要病虫害的防治技巧。

二、职业素养
1. 了解食品安全的概念与意义；
2. 了解绿色环保的概念与意义。

任务 1 水稻病虫害识别与防治

基础知识

一、水稻虫害识别与防治

全世界已知的危害水稻的害虫有 860 余种，我国约有 385 种，分属 9 目 66 科，其中发生普遍、危害严重的有水稻螟虫（三化螟、二化螟、大螟）、稻纵卷叶螟、稻飞虱（褐飞虱、白背飞虱、灰飞虱）、稻蓟马；局部危害严重的有稻黑尾叶蝉、稻苞虫、稻瘿蚊、稻蝗等。

（一）水稻螟虫

水稻螟虫又称水稻钻心虫。我国发生危害的主要有三化螟、二化螟和大螟。三化螟、二化螟和大螟均属鳞翅目，三化螟和二化螟属螟蛾科，大螟属夜蛾科。三化螟属热带害虫，食性单一；二化螟属温带害虫，食性较杂；大螟属偏南性害虫，多食性。三化螟、二化螟及大螟在长江流域及其以南地区分布普遍，常同时发生，混合危害水稻。3 种螟虫均以幼虫钻蛀水稻茎秆危害，造成枯心、白穗和虫伤株，对水稻产量影响较大。

1. 形态特征

（1）三化螟形态特征。

成虫：雌蛾黄白色，前翅三角形，中央有一黑点，腹末端有棕黄色绒毛，体长约 12 mm；雄蛾灰褐色，体形比雌蛾稍小，前翅中央有一小黑点，顶角至黑点附近有一斜纹，外缘有 7 个小黑点，见图 2-1-1 和图 2-1-2。

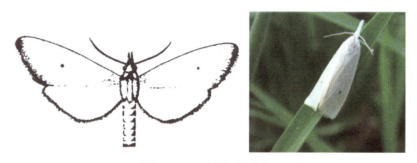

图 2-1-1 三化螟雌成虫

图 2-1-2 三化螟雄成虫

卵：产于叶片或叶鞘表面，卵为扁平椭圆形，排列数层成馒头形卵块，卵块表面覆盖有棕黄色绒毛，似半边发霉的黄豆,见图 2-1-3。

图 2-1-3　三化螟卵

幼虫:体淡黄绿色,成熟时体长 23 mm 左右,半透明背线明显,见图 2-1-4。

图 2-1-4　三化螟幼虫

蛹:细长圆筒形,长约 13 mm,黄白色,后足伸出翅芽外,雄蛹伸出较长,见图 2-1-5。

图 2-1-5　三化螟蛹

(2)二化螟形态特征。

成虫:虫体比三化螟稍大,淡灰色,前翅长方形,中央无黑点,外缘 7 个小黑点排成一列;雌蛾展翅长约 16 mm,腹部纺锤形;雄蛾展翅长约 13 mm,腹部细圆筒形,见图 2-1-6。

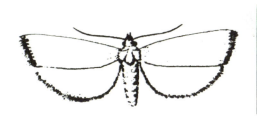 

图 2-1-6　二化螟成虫

卵：产于叶片或叶鞘表面，卵粒排列成鱼鳞状卵块，表面有透明胶质；初产为乳白色，后变紫色，见图 2-1-7。

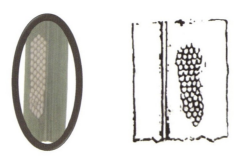

图 2-1-7　二化螟卵

幼虫：体淡褐色，头和前胸盾片有褐纹，二龄以上幼虫腹部背面有暗褐色纵线 5 条，最外两条为气门线，见图 2-1-8。

图 2-1-8　二化螟幼虫

蛹：黄褐色，体长约 10 mm，呈圆形，后足不伸出，两翅不接触，腹部第七节有裙纹，见图 2-1-9。

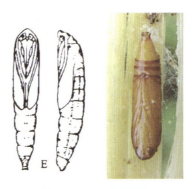

图 2-1-9　二化螟蛹

（3）大螟形态特征。

成虫：虫体比二化螟肥大，灰褐色，前翅长方形，中央有一暗褐色带纹，并有 4 个褐点（带纹上下各 2 个），排列成不规则四方形；雌蛾体长约 16 mm，触角鞭状；雄蛾体长 10~13 mm，触角锯齿形，见图 2-1-10。

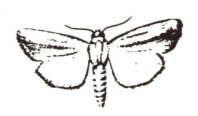 

图 2-1-10　大螟成虫

卵：产于叶鞘内侧，平排成条状。卵扁球形，表面有放射状细隆线；初产时白色，将孵化时呈淡紫色；卵粒比其他三种螟卵大，灰黄色，见图2-1-11。

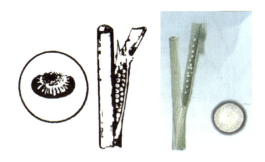

图 2-1-11　大螟卵

幼虫：体肥大，头和前胸盾片褐红色，腹部背面粉红色，腹面乳白色，见图2-1-12。

图 2-1-12　大螟幼虫

蛹：体粗大，长圆筒形，赤褐色，腹黄白色，上披有蜡质，后足不伸出翅芽外，两翅芽接触，见图2-1-13。

图 2-1-13　大螟蛹

2. 发生规律

（1）三化螟。

一年多代。三化螟在我国从北至南每年发生2～7代，以老熟幼虫在稻桩内越冬。

三化螟成虫白天静伏，夜间活动，趋光性强。雌蛾喜在生长茂密、嫩绿的稻株上产卵。初孵出的蚁螟，通过爬行或吐丝下垂随风飘落到附近稻株，寻找适宜部位蛀入茎内为害。水稻在苗期受害，造成枯心（见图2-1-14）；破口抽穗期的稻株受害，造成白穗（见图2-1-15）；灌浆后期受害，造成虫伤株。幼虫有转株危害习性。老熟幼虫在稻株茎内化蛹。

图 2-1-14　枯心

图 2-1-15　白穗

三化螟的发生量和危害程度与环境关系密切，影响其数量变化的因素有气候、食物和天敌等。

(2) 二化螟。

一年多代。二化螟在我国从北至南每年发生 1~6 代。

二化螟以幼虫在稻桩、稻草及杂草中越冬。由于越冬场所条件不同，因此发育进度不一，羽化不整齐，故田间有世代重叠现象。

成虫生活习性大致与三化螟相似。

初孵幼虫从叶片可吐丝下垂至茎秆，咬孔侵入。稻苗瘦小则分散危害，稻苗较粗时则集中于叶鞘内侧危害，造成枯鞘（多见于分蘖期）；随着龄期增大，则分散进行钻蛀危害。分蘖期受害，则造成枯心苗；抽穗扬花期受害，则造成白穗；灌浆至乳熟期受害，则形成半枯穗和虫伤株，幼虫转株频繁。

幼虫老熟后，能转移到健株茎内或叶鞘内侧化蛹。

二化螟的发生量和危害程度与环境关系密切，影响其数量变化的主要因素有气候、食物和天敌等。

(3) 大螟。

大螟发生时期基本上同二化螟，只是第一代不危害水稻，只危害旱地禾本科植物。

3. 综合防治

水稻螟虫的综合防治主要采取以农业防治为主、生物防治与化学防治相结合的措施。具体防治措施如下。

(1) 农业防治。

①选用抗虫品种。

②消灭越冬虫源，压低发生基数。早、中、晚稻收获后，及时翻耕灌水，淹没稻桩，杀死稻桩内幼虫。

③栽培治螟。使蚁螟盛发期与水稻分蘖期、孕穗至抽穗期错开，达到避螟作用。尽量压缩混栽面积、减少桥梁田。

(2) 人工物理防治。

①杀虫灯诱蛾，灭杀成虫。

②摘除卵块，有效减少幼虫危害。

③拔除枯心苗，减少转株危害。

(3) 生物防治。

在卵孵化高峰后 2~5 天或一、二龄幼虫期，选用苏云金杆菌等生物药剂，加水稀释后喷雾。

(4) 化学防治。

化学防治水稻螟虫，二化螟挑治一代，重防二代；三化螟重防三代。防治大螟，选用苦参碱、氯虫苯甲酰胺等药剂加水稀释后喷雾；防治二化螟和三化螟，选用氯虫苯甲酰胺、杀虫单、三唑磷等药剂，加水稀释后喷雾。

(二)稻纵卷叶螟

稻纵卷叶螟属鳞翅目、螟蛾科,又称稻纵卷叶虫、白叶虫、刮青虫,是危害水稻叶片的主要迁飞性害虫。全国各稻区均有分布,以华南和长江中、下游地区受害最重。

稻纵卷叶螟是多食性害虫,除危害水稻外,还危害麦类、玉米、甘蔗、游草、稗草等。

稻纵卷叶螟以幼虫吐丝结苞危害,幼虫在苞内刮食叶肉,留下一层透明表皮,呈现白色虫苞,在苗期至拔节期危害,可造成一定损失,但以孕穗至齐穗期剑叶受害损失最大,此期受害会导致空壳粒增加、千粒重减少,严重时损失高达五成左右,见图 2-1-16。

图 2-1-16 白色虫苞

1. 形态特征

成虫:成虫为黄褐色小蛾子,体长 7~9 mm,翅展 16~18 mm,前翅近三角形,由前缘至后缘有两条褐纹,中间还有一条短褐纹,前后翅的外缘均有暗褐色宽边。雄蛾体色较深,在前翅前缘中央有一暗褐色毛丛,见图 2-1-17。

图 2-1-17 稻纵卷叶螟成虫

卵:扁平,椭圆形;初产时白色,后变淡黄色,将孵化时可见黑点。

蛹:体长 7~10 mm,圆筒形,初为黄色,后转为褐色,末端较尖削,有尾刺 8 根;茧白色,很薄,见图 2-1-18。

图 2-1-18 稻纵卷叶螟的卵和蛹

幼虫：成熟幼虫体长 14～19 mm，头褐色，胸腹部淡黄绿色，老熟时为橘黄色；中、后胸背面中央各有两对括号状黑斑，见图 2-1-19。

图 2-1-19　稻纵卷叶螟幼虫

2. 发生规律

稻纵卷叶螟具有季节性远距离迁飞习性，在 4～12 个纬度距离的广大区域有同期蛾量"突增"或"突减"现象。

成虫具趋光性、强趋荫蔽性，具趋向蜜露进行营养补充的习性，以及趋嫩绿稻叶产卵的习性。

卵散产，初孵幼虫隐居心叶叶鞘内侧或旧虫苞内，二龄后爬至已展开叶片的叶尖吐丝作苞危害。幼虫具转苞危害的习性，幼虫一生可卷叶 6～13 片。

老熟幼虫在稻丛基部叶鞘内侧或无效分蘖内结茧化蛹。

稻纵卷叶螟最适温度为 22～28℃，最适相对湿度为 80% 以上。

栽培制度和水肥管理直接影响稻纵卷叶螟的食性和生活条件。凡早、中、晚稻混栽地区，稻纵卷叶螟的繁殖率和成活率相对较高，发生量大。一般籼稻的虫量大于粳稻，矮秆阔叶嫩绿的品种虫量最为集中。此外，浇水量大、施肥不当、偏施氮肥、过于集中施肥，都会加剧稻纵卷叶螟的繁殖危害。

稻纵卷叶螟天敌很多。寄生性天敌主要有赤眼蜂、绒茧蜂、姬蜂、寄生蝇等；捕食性天敌主要有隐翅虫、步行虫、青蛙等，应注意加以保护和利用。

3. 综合防治

（1）农业防治。

采用抗虫品种；合理施肥，促进水稻健壮生长，适期成熟，提高耐虫力或缩短受害期；防止偏施氮肥或施肥过迟，防止前期稻苗猛发徒长、后期贪青迟熟。

（2）人工物理防治：①利用杀虫灯诱杀成虫；②人工摘除虫苞。

（3）生物防治。

赤眼蜂是稻纵卷叶螟的天敌，可在稻纵卷叶螟产卵盛期开始放蜂，至产卵高峰下降为止。

使用苏云金杆菌、杀螟杆菌、青虫菌等生物农药，如每亩用 100 亿活芽孢 Bt 悬浮剂 100～150 mL 并加 25% 杀虫双水剂 75 mL，加水 50 kg 喷雾，一般喷 1～2 次。

（4）化学防治。

根据稻纵卷叶螟的发生规律，一般应在一、二龄幼虫高峰期用药。选用毒死蜱、阿维菌素、茚虫威、氯虫苯甲酰胺、丙溴磷等药剂，加水稀释喷雾。

（三）稻飞虱

稻飞虱属同翅目、飞虱科，又称蠓子虫。常见危害水稻的以褐飞虱为主，其次为白背飞虱和灰飞虱。

褐飞虱食性单一，以危害水稻为主，喜温暖潮湿气候，属偏南方种类，在长江流域各省常暴发成灾。白背飞虱对温度的适应比褐飞虱高，因此分布更广。灰飞虱食性复杂，耐寒力较强，属温带种，分布很广，几乎遍及全国，尤以江苏、浙江及长江中游稻区较多，能传播稻、麦、玉米等作物的若干种病毒病。

稻飞虱以成虫、若虫群集在稻丛基部危害，以刺吸式口器刺吸叶鞘和茎秆内的汁液，将卵产在叶鞘组织内，使叶鞘出现褐色纵纹。成虫、若虫的频繁刺吸和产卵，严重影响水稻的生长、抽穗和结实，最严重时会造成水稻茎基部变黑腐烂,最后全株倒伏枯死,在田间往往形成枯死窝,称"黄塘""穿孔",远看似火烧状,见图2-1-20和图2-1-21。

图 2-1-20　黄塘

图 2-1-21　穿孔

1. 形态特征

稻飞虱有卵、若虫、成虫三个虫态,雌雄成虫有长翅型和短翅型之分。

(1) 褐飞虱。

长翅型体长 3.6~4.8 mm,短翅型体长 2.6~3.2 mm。头顶至小盾片褐色;小盾片 3 条纵隆线明显,具油状褐色。雌雄额面的中央不凹陷,纵沟及颊均黄褐色。雄虫外生殖器的抱握器不分叉,尖角状,向内前突出。后足第一跗节内侧有 2~3 个小刺,见图2-1-22、图2-1-23和图2-1-24。

图 2-1-22　褐飞虱

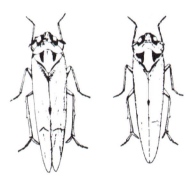

图 2-1-23　褐飞虱长翅型雌成虫和长翅型雄成虫

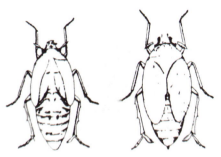

图 2-1-24　褐飞虱若虫和短翅型雌成虫

(2) 白背飞虱。

长翅型体长 3.8~4.8 mm,短翅型体长约 3.5 mm。头顶略突出;小盾板中央黄白色,似钢笔尖状,两侧黑褐色,3 条纵隆线不明显,额长形,侧缘明显。雄虫额面纵沟及颊均黑色,雌虫为灰褐色。雄虫外生殖器的抱握器分叉。后足第一跗节内侧无小刺,见图2-1-25。

图 2-1-25　白背飞虱

(3) 灰飞虱。

长翅型体长 3.5~4.0 mm，短翅型体长 2.4~2.6 mm。头顶突出不明显；雄虫中胸小盾片黑色，雌虫淡褐色，纵隆线略见。雌雄额面的纵沟及颊均黑，额中部最宽，略成弧形。雄虫外生殖器的抱握器不分叉，呈钝角状，向外前方突。后足第一跗节内侧无小刺，见图 2-1-26~图 2-1-28。

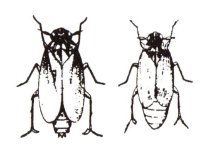

图 2-1-26　灰飞虱短翅型雄成虫和雌成虫　　　图 2-1-27　灰飞虱长翅型雌成虫和若虫

图 2-1-28　灰飞虱

2. 发生规律

(1) 褐飞虱。

在我国海南岛南部和云南省最南部，褐飞虱可终年发生。褐飞虱是一种季节性远距离迁飞昆虫，故我国大部分稻区的初期虫源主要由南方迁飞而来。

褐飞虱的发生世代数自北至南有 2~12 代，其中江苏、浙江、湖北、四川等省每年发生 4~5 代。

褐飞虱产卵期长、世代重叠。褐飞虱成虫、若虫均喜欢生活在阴湿的环境中，对生长嫩绿、茂密的稻田有趋性。褐飞虱对水稻有高度的嗜食性，故食性单一。

项目二 常见作物主要病虫害识别与防治

褐飞虱的成虫有长翅型和短翅型两种类型，长翅型可远距离飞行，又叫迁飞型；短翅型不能飞翔，又称定居型。长翅型成虫具有较强的趋光性。褐飞虱的生殖力、繁殖率很高，故褐飞虱在短期内可暴发成灾，是水稻穗期暴发性害虫之一。

褐飞虱的发生数量和危害程度与其生长环境密切相关。适合褐飞虱大发生的气象条件是盛夏不热，晚秋不凉，夏秋多雨的高湿环境。褐飞虱的发生与食料条件也密切相关。一般矮秆、宽叶、耐肥的品种有利于其发生；在营养条件好的时期，短翅型褐飞虱数量明显增加。除此之外，重施、偏施氮肥，稻苗嫩绿，过度密植，长期深灌，不合理使用农药杀伤天敌等均有利于褐飞虱的发生。

褐飞虱的天敌种类多，主要有赤眼蜂、黑肩绿盲蝽、缨小蜂、鳌蜂、稻虱线虫和各种蜘蛛等。当黑肩绿盲蝽加蜘蛛总数：褐飞虱为1∶4时，褐飞虱可被完全控制。

(2) 白背飞虱。

白背飞虱的适温范围是11~32℃，故白背飞虱分布更广，白背飞虱也具有季节性南北迁飞的特性。

白背飞虱的生活习性基本和褐飞虱相同，但取食范围比褐飞虱广。

(3) 灰飞虱。

灰飞虱主要危害秧田期和分蘖前期的稻苗，是三种稻飞虱中发生危害最早的一种。灰飞虱以三、四龄若虫在麦田、绿肥田、沟边、河边禾本科杂草等茎部、枯叶及土壤缝隙内等处越冬。

3. 综合防治

稻飞虱的综合防治采用"以农业防治为基础、保护天敌压基数、压前控后争主动、合理用药保丰收"的措施。

(1) 农业防治。

①种植抗虫品种。

②科学灌水，合理施肥，起到抑虫增产的作用。防止后期贪青徒长，适当晒田，降低田间湿度。

(2) 生物防治。

合理保护利用好蜘蛛、黑肩绿盲蝽等天敌，减少不必要用药量和施药次数，选用对天敌毒害轻的农药并采用对天敌杀伤力较小的施药方法。

(3) 物理防治。

杀虫灯诱杀。在水稻害虫防治进入关键时期时，可利用稻飞虱的趋光特性，利用不同波长的频振式杀虫灯，实现在夜间连续诱杀收集害虫。

(4) 化学防治。

在各代二、三龄若虫高峰期防治，选用噻嗪酮、噻虫嗪、吡蚜酮、呋虫胺、异丙威等药剂，加水稀释后喷雾。喷雾时对准稻株中下部喷施，田间保持3~5 cm水层5天左右。对于无水田块，施药时要加大水量，当气温在28℃以上时也可用敌敌畏拌毒土熏蒸杀虫。

二、水稻病害识别与防治

(一) 稻瘟病

稻瘟病与纹枯病、白叶枯病并称水稻三大病害。稻瘟病又叫稻热病、火烧瘟、叩头瘟，是世界性真菌病害。我国南北稻区均有不同程度的稻瘟病发生，水稻整个生育期均可能发生稻瘟病。

1. 症状识别

按发生时期及部位不同，可分为苗瘟、叶瘟、节瘟、穗颈瘟和谷粒瘟。

(1) 苗瘟。

苗瘟一般在三叶期前发生，初在芽和芽鞘上出现水渍状斑，后基部变成黑褐色点，并卷曲枯死，见

图2-1-29。

图 2-1-29 苗瘟

(2)叶瘟。

叶瘟发生在三叶期以后的秧苗和成株期的叶片上。病斑随品种和气候条件不同而异,分为四种类型。

白点型:田间很少发生。病斑白色或灰白色,圆形,较小。多发生在感病品种的嫩叶上,病菌侵入后恰遇天气干燥、强光照时出现。如气候适宜,可迅速转为急性型。

急性型:病斑暗绿色,水渍状,呈椭圆形或不规则形。病斑正反两面密生灰色霉层。此病斑多在嫩叶或感病品种上发生,它的出现常是叶瘟流行的预兆。若天气转晴或经化学防治后,可转变为慢性型病斑。

慢性型:又称普通型病斑,病斑呈梭形或纺锤形,边缘褐色,中央灰白色,两端有沿叶脉伸入健部组织的褐色坏死线。天气潮湿时,病斑背面有灰色霉状物。

褐点型:病斑为褐色小斑点,局限于叶脉之间。常发生在抗病品种和老叶上,不产生孢子,见图2-1-30。

图 2-1-30 叶瘟

(3)节瘟。

病节凹陷缢缩,变为黑褐色,易折断。潮湿时生灰色霉层,常发生在穗颈下第一、二节,见图2-1-31。

图 2-1-31 节瘟

（4）穗颈瘟。

此病发生在穗颈、穗轴和枝梗上。初期出现小的淡褐色病斑，最后变黑折断。早期侵害穗颈常造成白穗，局部枝梗被害的形成阴阳穗。被害轻的秕谷增加、千粒重下降，米质差，见图 2-1-32。

图 2-1-32 穗颈瘟

（5）谷粒瘟。

发生在谷粒的内外颖上。发病早的病斑呈椭圆形，灰白色，随稻谷成熟，病斑不明显；发病迟的病斑为褐色，呈椭圆形或不规则形，见图 2-1-33。

图 2-1-33 谷粒瘟

2. 病原特征

稻瘟病病菌无性阶段属半知菌亚门，梨孢属。

3. 发病规律

稻瘟病病菌以菌丝体和分生孢子在病稻草和病种谷上越冬，成为翌年初的侵染来源，病谷播种后引起苗瘟。

带菌稻草越冬后，第二年春夏之交，只要温湿度条件适宜，便可产生大量的分生孢子。分生孢子借风雨飞散传播到秧田或本田，萌发侵入水稻叶片，引起发病。稻瘟病病菌繁殖很快，在感病品种上，只要温湿条件适宜，可在短时间内流行成灾。

水稻品种抗病性差异很大，存在高抗至感病各种类型。同一品种不同生育期的水稻抗性也有差别，以苗期（四叶期）、分蘖盛期和抽穗初期最易感病。叶片抽出当天最易感病，穗颈以始穗期最易感病。氮肥施用过多过迟，长期深灌、冷浸田均易诱发病害。气温在24~30℃，阴雨多雾，露水重，田间高湿，稻株体表较长时间保持水膜的条件下，稻瘟病往往大发生。所以，山区和沿海稻区雾多、露重、少光照，稻瘟病经常发生。

4. 综合防治

稻瘟病的综合防治主要采取以种植抗病高产品种为基础，以加强肥水管理为中心，发病后及时用药防治的措施。

（1）农业防治。

①选用高产抗病品种。注意品种的合理布局，防止单一化，并注意品种轮换、更新，以延长抗病品种的使用寿命。

②氮、磷、钾合理搭配，增施有机肥，适当施用硅酸肥料。应掌握"基肥足、追肥早"的原则，防止后期过量施用氮肥，冷浸田应增施磷肥。

③做好排灌工作。做到前期勤灌、浅灌，分蘖末期适时搁田，后期灌好跑马水，保持干干湿湿，促使稻苗壮秆旺根，增强抗病力，减轻发病。

④及时处理病稻草，减少菌源。秧田附近堆积的病稻草，春播前应处理完毕。

（2）种子包衣。

选用含咯菌腈、咪鲜胺等成分的种衣剂包衣，兼治水稻恶苗病。

（3）化学防治。

防治苗瘟或叶瘟要在发病初期用药；防治穗颈瘟分别在抽穗始期、齐穗期各用药1次。选用稻瘟灵、嘧菌酯、三环唑、春雷霉素、咪鲜胺、枯草芽孢杆菌等药剂，加水喷雾。每隔7天喷一次，连续2~3次。

（二）水稻纹枯病

水稻纹枯病是水稻发生最普遍的一种病害。我国南北稻区均有发生，但长江流域和南方稻区发病较严重。水稻纹枯病病菌的寄主范围很广，除侵染水稻外，还能侵染玉米、高粱、小麦、甘蔗、花生、大豆等多种作物。

1. 症状识别

水稻苗期至穗期均可受害，抽穗前后受害最重。水稻纹枯病主要侵害叶鞘和叶片，也可危害茎秆穗部，造成水稻贴地倒伏，整株枯死。

叶鞘发病先在近水面处出现暗绿色水渍状小斑，后扩大成椭圆形并相互联合成云纹状大斑。病斑边缘暗褐色，中央灰绿色，扩展迅速。受害严重时，叶鞘干枯，上面叶片随之枯黄。

叶片发病与叶鞘病斑相似，但形态较不规则。病情严重时，病部呈浅绿色，似被开水烫过，叶片很快青枯腐烂。发病严重时，病斑不断往上蔓延，剑叶叶鞘受害，往往不能正常抽穗。茎秆受害易引起贴地倒伏，成片枯死。湿度大时，病部可见许多白色菌丝，随后菌丝集结成白色绒球状菌丝团，最后形成暗褐色、像萝卜籽大小的菌核，菌核易脱落，见图2-1-34。

图2-1-34 水稻纹枯病

2. 病原特征

水稻纹枯病菌有性阶段属担子菌亚门。有性阶段在病害发生中不常见，不起作用。

水稻纹枯病菌无性阶段属半知菌亚门，丝核菌属。该菌不产生分生孢子，靠菌丝和菌核侵染传播，引起发病。

3. 发病规律

水稻纹枯病菌主要以菌核在土壤中越冬，也能以菌核和菌丝在病稻草、田边杂草及其他寄主上越冬。水稻收割时，大量菌核落入田中，成为次年或下季的主要初侵染源。

春耕灌水、耕田后，越冬菌核漂浮于水面，插秧后附着在近水面的叶鞘上，在适温条件下，菌核萌发长出菌丝在叶鞘上扩展延伸，并从叶鞘缝隙进入叶鞘内侧，从叶鞘内侧表皮气孔侵入或直接穿破表皮侵入稻株。

病部长出的气生菌丝通过接触对邻近稻株进行再侵染。分蘖盛期至孕穗初期主要在株、丛间横向扩展（亦称水平扩展），导致病株率增加，其后再由下位叶向上位叶垂直扩展。

病部形成的菌核脱落后，随水流传播附至稻株叶鞘，可萌发进行再侵染。

田间菌核残留量与稻田发病轻重密切相关。上年发病重的田块，田间遗留菌核多，下年的初侵染菌源数量大，则发病严重。长期深灌、田间湿度偏大，有利于病害发展；氮肥施用过多过迟，造成水稻生长过旺、田间郁闭，既有利于病菌扩展，又降低了水稻自身抗病力，有利于发病。

田间病情的扩展主要受温度、湿度影响，高温、高湿有利于病情扩展。

4. 综合防治

（1）农业防治。

①选用抗病高产品种。

②合理施肥，实行氮、磷、钾配方施肥，避免偏施氮肥。

③科学用水，做到前期浅灌，适时晒田，浅水养胎，后期湿润，不过早脱水，不长期深灌。

④及时打捞菌核，减少初侵染菌源。

（2）化学防治。

用药最好在病害由水平扩展向垂直扩展的转折阶段进行，即水稻分蘖末期丛发病率达 15% 或拔节至孕穗期丛发病率达 20% 的田块，需要用药防治。可选用己唑·嘧菌酯、多抗霉素、氟环唑、噻呋酰胺等药剂加水稀释后喷雾。药剂要喷在水稻基部叶鞘和叶片上，掌握用药时间和浓度，均匀喷雾，足量兑水。每隔 7 天喷 1 次，连续 2~3 次。

（三）水稻白叶枯病

水稻白叶枯病是水稻重要病害之一，又称白叶瘟、茅草瘟、地火烧。除新疆外，全国各稻区均有不同程度发生，特别是华东、华南、华中等稻区常流行成灾。水稻发病后，一般引起叶片干枯，不实率增加，米质松脆，千粒重降低。

1. 症状识别

水稻白叶枯病主要危害叶片和叶鞘，其症状因水稻品种、发病时期及侵染部位不同而异。一般可分为以下 5 种类型。

（1）叶枯型。

叶枯型为田间常见的典型症状，一般在水稻分蘖期后较明显。发病多从叶尖或缘开始，最初形成黄绿或暗绿色小病斑，随即沿叶缘上下延伸形成黄白或灰白长条状病斑，可达叶片基部。病部与健部界限明显，呈波纹状。空气湿度大时，病部易见蜜黄色珠状菌脓。

（2）急性型。

急性型是在高感品种、多肥栽培和温湿度适宜的情况下出现的一种症状。病叶青灰或暗绿色，迅速失水，卷曲，呈青枯状，病部有蜜黄色珠状菌脓。一般仅限于上部叶片，不蔓延全株。此类症状出现，表示病害正在急剧发展。

（3）凋萎型。

凋萎型又称枯心型。多在秧田后期至拔节期发生，心叶或心叶下 1~2 叶失水青枯，渐变枯黄凋萎，形成枯心状，很像虫害造成的枯心苗，但其茎部无虫伤孔。折断病节，用手挤压，可看到黄白色菌脓溢出，见图 2-1-35。

（4）中脉型。

中脉型多在孕穗期发生，从叶片中脉开始发病。中脉初呈淡黄色条斑，后沿中脉扩展呈枯黄色条斑，纵折枯死；或半边枯死半边正常，见图 2-1-36。

图 2-1-35　凋萎型白叶枯病

图 2-1-36　中脉型和叶枯型白叶枯病

（5）黄化型。

黄化型的症状为新叶均匀褪绿，呈黄色或黄绿色条斑，无菌脓，仅节间存在大量细菌，见图 2-1-37。

图 2-1-37 黄化型白叶枯病

2. 病原特征
水稻白叶枯病病菌是一种细菌,为黄单胞杆菌属。革兰氏染色阴性。

3. 发病规律
水稻白叶枯病的初侵染源在新稻区以带菌种子为主,老病区以病稻草为主;稻桩和杂草也可带菌越冬,成为初侵染源。

在病草、病谷和病稻桩上越冬的病菌,至翌年播种期间,一遇雨水,便随水流传播到秧田,由芽鞘或基部的变态气孔、叶片气孔或伤口侵入。病苗带菌移栽本田,发展成为中心病株。或病菌随水流流入本田,引起本田稻株发病。新病株上溢出的菌脓,借风雨飞溅或被雨水淋洗后随灌溉水流传播,不断进行再侵染,扩大蔓延。

水稻白叶枯病的流行与病菌来源、气候条件、品种抗病性等有密切关系。在菌源量足够的前提下,在气温 25~30 ℃,相对湿度 85% 以上,多雨、日照不足、常刮大风的气候条件下易发生流行。每当暴风雨袭击或洪涝之后,病害往往在几天之内暴发成灾;长期深灌或稻株受淹区域,发病严重。水稻品种对水稻白叶枯病抗性差异很大,一般糯稻、粳稻比籼稻抗病,窄叶挺直品种比阔叶披垂品种抗病,叶片气孔少的品种比气孔多的品种抗病。

水稻白叶枯病的发生与耕作制度和栽培管理有密切关系。一般以中稻为主地区和早、中、晚稻混栽地区病害易于流行,而纯双季稻区病害发生较轻。偏施氮肥、稻株贪青徒长、株间通风透光不足导致湿度增高,都有利于病菌繁殖,加重病害。

4. 综合防治
水稻白叶枯病的综合防治采取以种植抗病品种为基础,以秧田防治为关键,抓好水肥管理,辅以化学防治的措施。

(1) 严格检疫工作,防止种子传病。

无病区要防止带菌种子传入,保证不从病区引种,确需从病区调种时,要严格做好种子消毒工作。

(2) 农业防治。

①选用抗病良种。应因地制宜选用抗病良种,这是防治白叶枯病的经济有效措施。

②培育无病壮秧。选择背风向阳、地势较高、排灌方便、远离屋边晒场和上年病田的田块育秧;选用三氯异氰尿酸、噻森铜等药剂进行种子消毒。

③合理施肥,后期慎施氮肥。

④科学浇灌,不串灌、漫灌和淹苗。

(3) 化学防治。

秧田与本田发现发病中心时,或暴风雨、洪涝之后,应及时施药。可选用噻菌铜、噻森铜、氯溴异氰尿酸、枯草芽孢杆菌等药剂进行防治。也可在五叶期和水稻移栽前 5 天,选用以上药剂加水稀释后喷雾,每隔7天喷1次,连续2~3次。

(四)水稻细菌性条斑病

水稻细菌性条斑病是我国植物检疫对象之一。

1. 症状识别

水稻细菌性条斑病简称细条病,主要危害叶片,整个水稻生育期的叶片均可受害。

病斑初呈暗绿色水渍状半透明条斑,后迅速在叶脉间扩展,变为黄褐色的细条斑,其上分泌出许多蜜黄色小珠状菌脓,排列成行,干燥后不易脱落;发病后期,病叶成片枯黄,似火烧状。严重时,稻株矮缩,叶片卷曲,见图2-1-38。

图2-1-38 水稻细菌性条斑病

2. 病原特征

水稻细菌性条斑病病菌为一种细菌,属黄单胞杆菌属。

3. 发病规律

水稻细菌性条斑病的发生规律与水稻白叶枯病基本相同。

水稻细菌性条斑病的病菌主要在病谷和病草中越冬,成为下年年初侵染的主要来源。病谷播种后,病菌就会侵害幼苗,移栽时又随病秧带入本田造成危害。如用病稻草催芽、扎秧把、堵塞涵洞或盖草棚等,均会导致病菌侵害幼苗,病菌也会随水流入秧田或本田而引起发病。

病菌主要是从气孔侵入。

病斑上的菌脓可借风、雨、露等传播,进行再侵染。

高温、高湿有利于发病;暴风雨或洪涝侵袭后病害容易流行;长期深灌、偏施或迟施氮肥的稻田发病较重。

4. 综合防治

(1)严格检疫,防止调运带菌种子远距离传播。

严格禁止病种调运,现场进行产地检疫,确证无病后方可调运。对南繁稻种要特别注意,一旦发现就应严格封锁病区,彻底烧毁清除。

(2)农业防治。

①选用抗(耐)病水稻品种。

②及时处理病稻草。水稻收割后及时烧毁病稻草。

③加强肥水管理。施用石灰50 kg/亩作基肥或追肥，浸水翻耕，使植株生长健壮，增强抗病力。避免偏施、迟施氮肥，要配合磷、钾肥施用。忌灌深水、漫灌、串灌。

（3）化学防治。

秧田与本田发现发病中心时，或暴风雨、洪涝之后，应及时施药。可选用噻菌铜、噻森铜、氯溴异氰尿酸、枯草芽孢杆菌等药剂进行防治。也可在五叶期和水稻移栽前5天，选用以上药剂加水稀释后喷雾，每隔7天喷1次，连续2~3次。

（五）稻曲病

稻曲病又叫青粉病、伪黑穗病，多发生在收成好的年份，故又叫丰收果。随着矮杆紧凑型品种的推广及施肥水平的提高，其问题更加突出。稻曲病的病原菌有毒，孢子可污染谷粒，降低谷粒品质。稻曲病只发生于穗部，危害部分谷粒。

1. 症状识别

主要在水稻抽穗扬花期发生，危害穗上部分谷粒，少则1~2粒，多则10多粒。菌丝在病粒内形成块状，逐渐膨大，先从内、外颖壳缝隙处露出淡黄绿色孢子座，后包裹整个颖壳，形成比正常谷粒大3~4倍的菌块，颜色逐渐变为墨绿色，最后孢子座表面龟裂，散出墨绿色粉状物，有毒，见图2-1-39。

图 2-1-39　稻曲病

2. 病原特征

稻曲病病原的有性态为稻麦角菌，子囊菌亚门麦角菌属；无性态为稻绿核菌，半知菌亚门。

3. 发病规律

稻曲病的病菌以落入土中的菌核或附于种子上的厚垣孢子越冬。

稻曲病以在水稻孕穗至开花期侵染为主。

稻曲病以水稻抽穗扬花期遇雨及低温期发病重，抽穗早的水稻品种发病轻。施氮过量或穗肥过重会加重病害发生。连作地块发病重。

4. 综合防治

（1）农业防治。

①选用抗病品种。淘汰感病品种，因地制宜选用抗病品种和比较抗病品种。

②减少菌源。避免病田留种，深耕翻埋菌核。发病时及时剔除并销毁病粒。翻耕整地时，捞除浮渣，消灭越冬菌核。

③种子消毒。用2%~3%的石灰水或0.5%的硫酸铜液或多菌灵浸种12 h。

④合理追肥。施足基肥，早施追肥，慎用穗肥，采用配方施肥，适施保花肥，氮磷钾肥配合施用。

（2）化学防治。

在破口前7~10天用药，可选药剂包括戊唑醇、氟环唑、井岗霉素、咪鲜胺等。每隔7天喷1次，连续2~3次。

实践操作

一、训练准备

准备好水稻主要病虫害图片,提前选择已有水稻病虫害发生的田地,准备好记录用的纸、笔、相机。

二、现场训练

1. 通过病虫害图片,识别稻螟虫、稻纵卷叶螟、稻飞虱、稻瘟病、水稻纹枯病、水稻白叶枯病、水稻细菌性条斑病、稻曲病等主要病虫害。
2. 到田间识别已经发生的水稻病虫害的种类,并对害虫的发生情况和病害的危害情况作调查记载。
3. 了解农业管理者对水稻病虫害的防治策略和方法,并制定防治措施。

同步练习

基础知识练习

一、单项选择题

1. 幼虫身体呈淡褐色,背部有5条暗褐色纵线的是(　　)。
   A. 稻纵卷叶螟　　　　B. 二化螟　　　　C. 稻飞虱　　　　D. 玉米螟

2. 雄蛾前翅中央有一小黑点,顶角至黑点附近有一斜纹,外缘有7个小黑点的是(　　)。
   A. 二化螟　　　　B. 三化螟　　　　C. 大螟　　　　D. 稻纵卷叶螟

3. 只危害水稻的螟虫是(　　)。
   A. 二化螟　　　　B. 三化螟　　　　C. 大螟　　　　D. 稻纵卷叶螟

4. 第一代不为害水稻,只为害旱地禾本科植物的螟虫是(　　)。
   A. 大螟　　　　B. 二化螟　　　　C. 三化螟　　　　D. 四化螟

5. 成熟幼虫头褐色,胸腹部淡黄绿色,老熟时橘黄色;中、后胸背面中央各有两对括号状黑斑的是(　　)。
   A. 二化螟　　　　B. 三化螟　　　　C. 大螟　　　　D. 稻纵卷叶螟

6. 为害水稻的飞虱以(　　)为主。
   A. 灰飞虱　　　　B. 白背飞虱　　　　C. 褐飞虱　　　　D. 黄飞虱

7. 稻飞虱俗称(　　)。
   A. 钻心虫　　　　B. 卷叶虫　　　　C. 蟓子虫　　　　D. 小红虫

8. 叶瘟有四种病斑类型,常发生在抗病品种的病斑类型是(　　)。
   A. 白点型　　　　B. 褐点型　　　　C. 急性型　　　　D. 慢性型

9. 最初症状是形成黄绿或暗绿色小病斑,随即沿叶缘上下延伸,形成黄白或灰白长条状病斑的是水稻白叶枯病的(　　)。
   A. 叶枯型　　　　B. 黄化型　　　　C. 急性型　　　　D. 中脉型

10. 水稻白叶枯病形成的病原特征是(　　)。
    A. 霉状物　　　　B. 粉状物　　　　C. 脓状物　　　　D. 点状物

11. 下列水稻病害中属于检疫性病害的是(　　)。
   A. 稻瘟病　　　　　　B. 纹枯病　　　　　　C. 白叶枯病　　　　　　D. 细菌性条斑病
12. 水稻稻曲病在(　　)感病。
   A. 2叶期　　　　　　B. 3叶期　　　　　　C. 分蘖期　　　　　　D. 抽穗扬花期

二、多项选择题

1. 二化螟成虫的特征有(　　)。
   A. 淡灰色，前翅长方形，中央无黑点　　　　B. 黄白色，前翅三角形，中央有一黑点
   C. 前翅外缘有7个小黑点，排成一列　　　　D. 雌蛾腹部纺锤形，雄蛾腹部细圆筒形
2. 三化螟的天敌有(　　)。
   A. 赤眼蜂　　　　　　B. 小茧蜂　　　　　　C. 青蛙　　　　　　D. 姬蜂
3. 稻螟虫的防治措施有(　　)。
   A. 农业防治。消灭越冬虫源、压低有效虫源基数，选用抗虫品种
   B. 人工物理防治。点灯诱蛾灭杀成虫、摘除卵块、拔出枯心苗等
   C. 生物防治。在卵孵化高峰后2~5天或一、二龄幼虫期，用苏云金杆菌(Bt悬浮剂)等药剂，加水稀释后喷雾，注意保护天敌(如青蛙等)
   D. 化学防治。化学防治措施包括在盛孵期施用杀螟松、杀虫双或亚胺硫磷，对二化螟和大螟施用敌百虫等农药
4. 稻飞虱的综合防治方法包括(　　)。
   A. 选育种植抗虫高产品种
   B. 合理保护并利用天敌，如黑肩绿盲蝽和各种蜘蛛
   C. 在各代二、三龄若虫高峰期，用叶蝉散颗粒、叶蝉散乳油等农药进行化学防治
   D. 科学灌水，合理施肥，达到抑虫增产的目的
5. 为防治水稻白叶枯病，可以采取的培育无病壮秧的措施有(　　)。
   A. 从无病区调种
   B. 选择背风向阳、地势较高、排灌方便、远离晒场和上年病田的田块育秧
   C. 实行种子消毒
   D. 加强秧田管理，实行排灌分家，防止大水淹田
6. 稻曲病的防治措施有(　　)。
   A. 选用抗病品种。淘汰感病品种，因地制宜地选用抗病品种和比较抗病品种
   B. 减少菌源。避免病田留种，深耕翻埋菌核。发病时别除并销毁病粒。翻耕整地时，捞除浮渣，消灭越冬菌核
   C. 种子消毒。用2%~3%的石灰水或0.5%的硫酸铜溶液或多菌灵浸种12 h
   D. 在水稻破口前7~10天用药。可选药剂包括戊唑醇、氟环唑、井岗霉素、咪鲜胺等，每隔7天喷1次，连续2~3次
7. 根据稻瘟病叶瘟病斑的形状、大小、色泽，可以将其分为(　　)。
   A. 慢性型　　　　　　B. 急性型　　　　　　C. 白点型　　　　　　D. 褐点型

三、判断题(判断下列描述的正误，描述正确的在括号内填A，错误的填B)

(　　)1. 防治稻螟虫应采用以农业防治为主，化学防治与生物防治相结合的综合防治措施。
(　　)2. 稻纵卷叶螟具有季节性远距离迁飞和补充营养的习性。
(　　)3. 三化螟成虫雌蛾前翅近三角形，黄白色，翅中央有一明显黑点。

( )4. 水稻纹枯病病菌通常不形成菌核。
( )5. 水稻叶瘟的急性型病斑预示着病害流行。
( )6. 水稻冬耕冬沤，提早春耕灌水，使稻螟在预蛹期被淹死，可以压低有效虫源基数。
( )7. 三化螟重防一代，挑治二代；二化螟重防二代。
( )8. 稻纵卷叶螟出现时就应该用药剂防治。
( )9. 水稻白叶枯急性型症状一般仅限于上部叶片，不蔓延全株。
( )10. 水稻细菌性条斑病主要为害叶片，只在分蘖期进行为害。

技能训练

1. 通过图片识别水稻病虫害，每正确识别1个病虫害得5分。

2. 描述稻螟虫、稻纵卷叶螟、稻飞虱的各虫态特征，稻瘟病、水稻纹枯病、水稻白叶枯病、水稻细菌性条斑病、稻曲病各病害症状，每个虫态或每个病害描述正确得5分。

3. 简述稻螟虫、稻纵卷叶螟、稻飞虱、稻瘟病、水稻纹枯病、水稻白叶枯病、水稻细菌性条斑病、稻曲病的主要防治技巧，每全面、正确简述1个虫害或1个病害的防治技巧得10分。

考核评价

水稻病虫害识别与防治考核评价表

考核项目	内容	分值	得分
技能操作(55分) (以小组为单位考核)	能通过彩色图片识别并能正确描述稻螟虫、稻纵卷叶螟、稻飞虱的各虫态特征(5分)；能通过彩色图片识别并能正确描述稻瘟病、水稻纹枯病、水稻白叶枯病、水稻细菌性条斑病、稻曲病的病害症状(10分)；能简单描述虫害发生规律和病害发病规律(10分)	25	
	能在田间识别并能正确描述稻螟虫、稻纵卷叶螟、稻飞虱的各虫态特征(5分)；能在田间识别并能正确描述稻瘟病、水稻纹枯病、水稻白叶枯病、水稻细菌性条斑病、稻曲病的病害症状(5分)；能简单描述虫害发生规律和病害发病规律(5分)	15	
	能正确说出防治稻螟虫、稻纵卷叶螟、稻飞虱的方法(7分)；能正确说出防治稻瘟病、水稻纹枯病、水稻白叶枯病、水稻细菌性条斑病、稻曲病的方法(8分)	15	
学习成效(20分)	课堂作业	5	
	病虫害识别表	5	
	实习总结	5	
	小组总结	5	

续表

考核项目	内容	分值	得分
思想素质(25分)	安全规范生产	5	
	纪律出勤	5	
	情感态度	5	
	团结协作	5	
	创新思维(主动发现问题、解决问题)	5	
合计		100	
评价人员签字	1. 任课教师： 2. 实习指导教师： 3. 专业带头人： 4. 园区(企业或行业)技术员：		

备注：严禁采摘、损坏公共财物及产品，如有损毁，视情节和态度扣除个人成绩20~40分，小组成员同时扣除安全生产及团结协作成绩，情节严重的将按照相关处理办法进行违纪处理。

任务2　小麦病虫害识别与防治

基础知识

一、小麦虫害识别与防治

(一)麦蚜

麦蚜属同翅目、蚜科。在我国，危害麦类作物的蚜虫，主要有麦长管蚜、麦二叉蚜、禾缢管蚜、麦无网长管蚜四种。

1. 形态特征

麦蚜有多型现象，全周期蚜虫有干母、有翅与无翅胎生雌蚜、性母、雌性蚜和雄性蚜。雌性蚜和雄性蚜通过两性生殖产生越冬受精卵。

(1)麦长管蚜形态特征。

体长1.6~2.1 mm，椭圆形，腹部淡绿色至绿色、红色。腹管长圆筒形，黑褐色，长约0.48 mm，端部有网状纹。翅中脉分支2次，分叉大。复眼鲜红至暗红，触角约与体等长，见图2-2-1和图2-2-2。

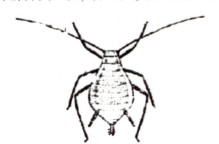

图2-2-1　麦长管蚜无翅型

图 2-2-2　麦长管蚜有翅型

（2）麦二叉蚜形态特征。

体长 1.5~1.8 mm，椭圆或卵圆形，腹部淡绿色或黄绿色，背面有绿色纵条带。腹管圆筒形，淡绿色，长约 0.25 mm，端部暗黑色。翅中脉分支 1 次。复眼漆黑色，触角约为体长的 2/3，见图 2-2-3 和图 2-2-4。

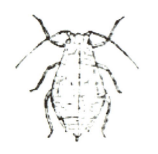

图 2-2-3　麦二叉蚜无翅型

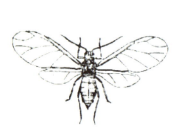

图 2-2-4　麦二叉蚜有翅型

（3）禾缢管蚜形态特征。

体长 1.4~1.6 mm，卵圆形，腹部深绿色，后端有赤色至深紫色横带。腹管为短圆筒形，长约 0.24 mm，中部稍粗壮，近端部呈瓶口状，缢缩。翅中脉分支 2 次，分叉小。复眼黑色，触角长度约为体长的 2/3，见图 2-2-5 和图 2-2-6。

图 2-2-5　禾缢管蚜有翅型

图 2-2-6　禾缢管蚜无翅型

(4) 麦无网长管蚜形态特征。

体长 2.0~2.4 mm，椭圆形。腹部白绿色或淡赤色，背部有绿色或褐色纵带。腹管长圆筒形，长约 0.42 mm，绿色，端部无网状纹。翅脉中脉分叉 2 次，且分叉大。复眼黑紫色，触角长度约为体长的 3/4，见图 2-2-7 和图 2-2-8。

图 2-2-7　有翅形麦无网长管蚜　　　　　　图 2-2-8　麦无网长管蚜

2. 发生规律

麦蚜每年发生代数依地而异，一般可发生 10 余代至 20 代以上。越冬虫态因各地气候而不同。麦蚜以成虫、若虫或以卵在冬麦田或禾本科杂草上越冬。来年春暖开始活动造成危害。麦蚜常见间歇性猖獗发生，其成灾与气候关系密切。春季 2—3 月气候温暖、降雨较少的年份易引起猖獗危害，而寒冷多雨年份则发生较轻。秋季早播麦田蚜量多于晚播麦田。耕作细致的秋灌麦田土缝少，蚜虫不易潜伏，易冻死，因而虫口密度较低。麦蚜的天敌主要有瓢虫、草蛉、食蚜蝇、蚜小蜂等。

3. 综合防治

(1) 农业防治。

①选用抗蚜耐病品种。

②种子包衣。

③对作物种植进行合理布局。冬、春麦混种区应尽可能单一种植，即宜种春麦的不再种冬麦，宜种冬麦的不再种春麦。

(2) 生物防治。

①保护和利用自然天敌。

保护和利用瓢虫、食蚜蝇、草蛉、蚜茧蜂等天敌。除改善天敌生存环境外，还应注意施药，选择对天敌安全的药剂，减少用药次数和剂量，可保护天敌，达到利用天敌进行自然控蚜的目的。

②选用微生物菌剂防治蚜虫。

(3) 化学防治。

麦长管蚜的防治指标为：小麦穗期有蚜株率达 50%，百株蚜量达 200 头；扬花至灌浆期有蚜株率达

70%，百株蚜量达500头。

防治适期为扬花末期，选用高效氯氟氰菊酯、吡虫啉、噻虫嗪、联苯菊酯、吡蚜酮等药剂，加水稀释喷雾。

(二)小麦吸浆虫

小麦吸浆虫属双翅目、瘿蚊科。在我国为害的小麦吸浆虫主要有麦红吸浆虫和麦黄吸浆虫。以幼虫危害花器、籽实、麦粒，是一种毁灭性害虫。

1. 形态特征

成虫：体长2~2.5 mm，翅展5 mm，体橘红色。头呈扁圆形，两复眼相接触，触角14节，足细长，只有前翅一对，后翅退化为平衡棒，见图2-2-9。

图2-2-9 小麦吸浆虫成虫

卵：长圆形，长约0.09 mm，微带红色，见图2-2-10。

图2-2-10 小麦吸浆虫卵

幼虫：呈扁纺锤形，橙红色，体长2~2.5 mm，前胸腹部有一"Y"形剑骨片，腹末有突起两对，见图2-2-11。

蛹：长约2 mm，裸蛹，红褐色，头前方有色毛两根和一对呼吸管，见图2-2-12。

 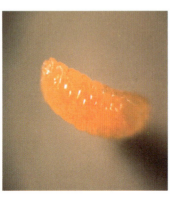  

图2-2-11 小麦吸浆虫幼虫　　　　　　图2-2-12 小麦吸浆虫蛹

2. 发生规律

两种小麦吸浆虫基本一年发生一代，均以老熟幼虫在土中结茧越夏和越冬。来年春天，在土壤温度、湿度适宜的条件下，越冬幼虫在小麦拔节期破茧上移，孕穗期化蛹，抽穗期成虫羽化经交尾在小麦穗部产卵，灌浆期幼虫吸浆危害，小麦近成熟时，老熟幼虫遇雨则脱颖落地，入土结茧越夏越冬。

在土壤含水量适宜、春季 10 cm 土温达 10℃以上时，小麦吸浆虫破茧活动，15℃时开始化蛹，20℃时开始大量羽化；温度高于 30℃时，幼虫恢复休眠而不能化蛹；低于 15℃时，羽化后的成虫不能活动产卵。

小麦吸浆虫喜湿怕干。温度适宜时，土壤含水量是影响其发生量和发生期的关键因素。当土壤含水量低于 15%时，小麦吸浆虫不化蛹；当土壤含水量达 20%~25%时大量化蛹、羽化；特别是有雾和露水时，成虫易于产卵，幼虫易于入侵。在麦收前，老熟幼虫遇雨才能脱颖入土；如果春季缺雨、土壤板结，小麦吸浆虫很难化蛹、羽化，则当年虫害发生量少，作物受害轻。

3. 综合防治

小麦吸浆虫的综合防治主要采取农业防治为主，适时辅以化学防治的方法。具体防治措施如下。

（1）农业防治。

①选用抗虫品种。一般来说，凡属颖壳扣合紧密、籽粒灌浆快、果皮厚的小麦品种都可阻碍成虫产卵和幼虫侵入，抽穗期短而整齐的品种则可减少成虫产卵机会，从而减轻为害程度。

②轮作。对为害严重的地块，可调整作物布局，实行轮作倒茬，使吸浆虫失去寄主，从而减轻为害。

（2）化学防治。

防治适期为：化蛹率达 30%和始见成虫时。

①蛹出土期的土壤处理。在小麦孕穗期至麦穗露脸期，当吸浆虫处于蛹盛期时，将辛硫磷、毒死蜱颗粒剂，均匀撒于麦垄间土面，结合锄地将毒土混入土表层。

②成虫期喷药防治。选用高效氯氟氰菊酯等药剂，加水稀释喷雾。

（三）黏虫

黏虫属鳞翅目、夜蛾科。我国除新疆和西藏尚未发现外，全国其他地区均有分布。黏虫主要危害麦类、谷子、玉米、高粱及糜子，发生严重的年份，也会危害豆类、棉花和蔬菜等，属多食性害虫。黏虫幼虫食叶，会使叶片形成缺刻或仅剩叶脉，大量发生时可将叶片全部取食光，并咬断穗部，造成严重减产。

1. 形态特征

成虫：体长约 20 mm，翅展 35~45 mm，体色呈淡黄褐色，前翅中央近前缘有两个淡黄色圆斑，外侧圆斑较大，其下方有一小白点，白点两侧各有一小黑点。由翅尖向斜后方有一条暗色条纹。雄蛾腹部尾端经压后，可伸出一对鳃盖形抱握器，抱握器顶端具一长刺，见图 2-2-13。

图 2-2-13　小麦黏虫成虫

卵：馒头形，直径约 0.5 mm，表面有六角形网状纹。卵粒排列成行或重叠成堆，初为白色，渐呈黄褐色，临孵化前变为黑色，见图 2-2-14。

图 2-2-14　小麦黏虫卵

幼虫：一般六龄，体色变化大，头部呈淡黄褐色，沿蜕裂线有褐色纵纹，呈"八"字形。胴部圆筒形，体背有 5 条纵线，背线白色较细，两侧各有两条黄褐色至黑色纵线，见图 2-2-15。

图 2-2-15　小麦黏虫幼虫

蛹：红褐色，体长约 20 mm，腹部第五、六、七节背面近前缘处有横列的马蹄形刻点，中央刻点大而密，两侧渐稀，尾端具一对粗大的刺，刺的两旁各生有短而弯曲的细刺两对。雄蛹生殖孔在腹部第九节，雌蛹生殖孔在腹部第八节，见图 2-2-16。

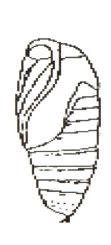

图 2-2-16　小麦黏虫蛹

2. 发生规律

黏虫在发育过程中无滞育现象，条件适合时终年可以繁殖。地理纬度愈高，世代愈少。以幼虫和蛹在稻桩、田埂杂草、绿肥田、麦田表土下等处越冬。幼虫老熟后停止取食，爬入 3~4 cm 的土层中作土茧化蛹。

由于黏虫发育一代所需天数以及各虫态的历期受温度影响很大，因此各代历期不同。一般我国从北到南一年可发生2~8代。

黏虫幼虫咬食叶片，一、二龄仅食叶肉形成小孔，三龄后才形成缺刻，五、六龄达到暴食期，严重发生时会将叶片吃光使作物成为光杆，造成作物严重减产，甚至绝收。

黏虫成虫羽化后需补充营养，会取食花蜜及蚜虫等分泌的蜜露，因而对糖醋液的趋性很强，据此可设置糖醋液盆，诱测成虫的发生情况。

成虫昼伏夜出，白天隐藏于草丛等处，夜晚出来活动，进行交尾、取食和产卵。成虫具有远距离迁飞的能力，一次飞行可达500 km。

3. 综合防治

（1）农业防治。

建封锁带，防止转移。在黏虫迁移时，在其转移的道路上撒施毒土封锁。毒土可用40%辛硫磷乳油制成。

（2）人工物理防治。

①防治成虫。

糖醋液法。在蛾子数量开始上升时，将调制好的糖醋液（糖3份、酒1份、醋4份、水2份，调匀后加少量杀虫剂）盛于容器内，放置于田间，容器要高出作物30 cm，糖醋液保持3 cm深，每天早晨取出容器内的蛾子，白天将容器盖好，傍晚开盖诱杀。糖醋液5~7天更换一次，连续诱杀20天左右。

性诱捕法。用配黏虫性诱芯的干式诱器，每亩1个插挂在玉米田，诱杀产卵成虫。

杀虫灯法。在成虫交配产卵期，在田间安置杀虫灯，每个杀虫灯间距100 m，20：00至凌晨5：00开灯诱杀。

②消灭虫卵。

谷草把法。自成虫开始产卵直到产卵盛末期止，田间每亩插10个谷草把，每隔3~5天更换一次谷草把，将旧的带卵的谷草把焚毁。

（3）化学防治。

①防治指标：麦田有三龄幼虫平均25~30头/m²，谷子有虫5头/m²时开始防治。

②防治适期：幼虫低龄阶段（以二、三龄为主）施药。

③防治措施：选用灭幼脲、高效氯氟氰菊酯、氯虫苯甲酰胺、球孢白僵菌等药剂，加水稀释喷雾。

二、小麦病害识别与防治

(一)小麦锈病

小麦锈病是分布最广、危害最大的小麦病害，其特点是发展快、传播远，能在短时间内大面积流行。小麦锈病包括小麦条锈病、小麦叶锈病、小麦秆锈病三种。

1. 症状识别

三种小麦锈病的共同特点是受害的叶片或秆上会出现鲜黄色、红褐色或深褐色的疱状小突起，这是病菌的夏孢子堆，其表皮破裂后，会散出铁锈色粉状物质，故称锈病。后期病部形成黑色疱状小突起，是病菌的冬孢子堆。

三种小麦锈病的区别主要表现在孢子堆的分布、大小、形状、颜色和排列方式上，可以简单形象地概括为："条锈成行叶锈乱，秆锈是个大红斑。"

小麦条锈病主要为害叶片，也可危害叶鞘、茎杆和穗部；夏孢子堆鲜黄色，最小，狭长至长椭圆形，成株期呈虚线状并与叶脉平行排列，幼苗期以侵入点为中心，呈同心轮状排列，见图2-2-17。

图 2-2-17　小麦条锈病

小麦叶锈病主要为害叶片，有时也可危害叶鞘和茎；夏孢子堆橘红色，居中，圆形至椭圆形，散生，排列不规则，见图 2-2-18。

图 2-2-18　小麦叶锈病

小麦秆锈病主要为害茎秆、叶鞘和叶片，也可危害穗部；夏孢子堆深褐色，最大，长椭圆形至长方形，排列散乱，无规则，见图 2-2-19。

图 2-2-19　小麦秆锈病

2. 病原特征

小麦锈病属于真菌性病害，3 种锈菌均属担子菌亚门，锈菌目。小麦条锈病病菌为条形柄锈菌，小麦叶锈病病菌为隐匿柄锈菌，小麦秆锈病病菌为禾柄锈菌。

3. 发生规律

（1）小麦条锈病。

小麦条锈病是一种低温病害，在我国平原麦区和海拔较低的山区不能越夏，仅能在夏季最热一旬的平均气温低于20℃、且有感病品种存在的地区才能越夏。我国小麦条锈病的发病区主要集中在甘肃、青海、宁夏、四川等地。病菌越夏后，秋季向陇南、陇东、川北、关中、华北等早播冬麦区传播，侵染秋苗。小麦播种越早，发病越重。当12月气温下降到1~2℃时，病菌进入越冬阶段。病菌主要以菌丝在麦叶组织中越冬。在气温较低的地区，病菌越冬后于次年2月下旬至3月上中旬开始恢复活动。

（2）小麦叶锈病。

在我国冬麦区，小麦叶锈病病菌一般于麦收后在自生麦苗上越夏。秋苗发病后，病菌主要以菌丝体潜伏在麦组织内越冬。冬季温度较高的地区，叶锈病菌可不间断危害。

（3）小麦秆锈病。

小麦秆锈病病菌与条锈病病菌相反，不耐低温，其周年循环的关键是越冬问题。我国小麦秆锈病病菌主要在1月份平均最低气温6℃以上的地区越冬，并可不间断繁殖。其越夏则主要在西北、西南等高海拔地区的冬春麦区，以及晚熟春麦区。

以上3种小麦锈病都是典型的气传病害，传播范围广，流行速度快，危害程度重。其流行程度主要取决于以下3个因素：

①感病品种的面积。

②菌源数量。

③雨量多少和湿度大小。

一般来说，在大面积种植感病品种的情况下，连续阴雨、雾多、露重、湿度大的天气，加之较大的菌源数量，就会导致病害流行。

4. 综合防治

小麦锈病的综合防治主要采取选用抗病品种、选择相应栽培管理方法和化学防治相结合的措施。具体防治措施如下。

（1）农业防治。

①选用抗病品种，合理布局，防止品种单一化种植。

②调整播期，提高播种质量。

③合理施肥，避免过量施用氮肥，适当增施磷、钾肥。

④控制田间湿度，多雨、高湿地区要开沟排水，干旱地区要及时灌水，以减轻为害。

⑤麦收后要及时铲除自生麦苗，减少菌源。

（2）化学防治。

①小麦播种时采用咯菌腈、苯醚甲环唑等杀菌剂进行拌种或种子包衣，可有效控制锈病的发生，还能兼治其他多种病害。

②小麦拔节后，如雨水较多，田间又有病害发生，应及时采取药剂防治措施，可选用氟环唑、丙环唑、三唑酮、戊唑醇等药剂，加水喷雾，每隔7天喷1次，连续喷2~3次。

（二）小麦赤霉病

小麦赤霉病是全世界小麦产区面临的主要病害之一，主要分布于潮湿和半潮湿地区，以湿润多雨的温带地区受害最重。

1. 症状识别

小麦整个生育期，许多部位均可受赤霉病菌危害，形成苗腐、茎腐、秆腐、穗腐及白穗等多种症状类型，其中以穗腐最为普遍。发病初期，首先在小穗颖壳基部出现淡褐色或黄色斑点，病轻时只有个别小穗发病，病重时可以扩展至几个小穗、半个麦穗甚至全穗。在多雨潮湿的环境下，病穗上的颖壳合缝处会长出一层粉红色的霉状物，即病菌的分生孢子座和分生孢子。生育后期，病穗的颖片上常产生密集的蓝黑色小颗粒，即病菌的子囊壳，见图2-2-20。

图 2-2-20　小麦赤霉病

2. 病原特征

小麦赤霉病属于真菌性病害。小麦赤霉病病菌无性阶段主要为禾谷镰孢菌，属半知菌亚门，瘤座孢目；有性阶段为玉蜀黍赤霉，属子囊菌亚门，球壳菌目。

3. 发生规律

赤霉病病菌具腐生兼寄生的特性，可以在多种植物残体上越冬。长江中下游各麦区的稻桩、西北和黄淮冬麦区的玉米秸秆及东北春麦区的小麦秸秆和杂草残体是主要的初侵染来源。翌年，遇合适的环境，赤霉病病菌产生子囊壳和子囊孢子，在小麦扬花时，借助风、雨着落到小穗上，以残存于颖片表面的花药和花粉粒作为营养基质萌发，通过花丝、气孔、颖壳裂缝侵入，引起病害。

赤霉病的发生流行受气候条件、菌源数量、寄主生育期、品种抗性和栽培管理等多种因素的影响，气候条件、寄主生育期和菌源数量的相互配合，对病害的发生流行起决定性作用。小麦以齐穗后的20天最易感病，在此期间的气温正常的年份，雨日占14天以上者可大流行；在扬花期连续3天雨日者可中等流行。另外，肥水条件高、氮肥过重、植株贪青徒长、田间郁蔽、种子混杂等情况也有利于发病。不同品种的作物，其发病程度存在差异。

4. 综合防治

小麦赤霉病的综合防治主要采取选用抗、耐病丰产良种，栽培管理与化学防治相结合的措施。

(1) 农业防治。

①选用抗、耐病良种。

②合理控制田间水分。

③科学施肥，注意氮、磷、钾比例协调，避免过量施用氮肥，增强植株抗病能力。

④提高种子纯度，避免混杂。

⑤清除病残体，减少菌源。小麦播前要精耕细耙，将地表的作物残体埋入土中；要彻底清除地表残留的病残体和田边地头、渠边的玉米秸秆和稻桩，烧掉或沤粪均可。

(2) 化学防治。

小麦赤霉病的防治关键是抓好抽穗扬花期的喷药预防，即扬花率10%左右第一次喷药，间隔5～7天第二次用药。可选用多·酮（多菌灵与三唑酮的混配剂）、咪鲜胺甲基硫菌灵、戊唑醇等药剂，加水稀释后喷雾。

(三)小麦白粉病

小麦白粉病在世界各小麦产区均有发生,在我国以河南、湖北、安徽、江苏、四川、贵州等省发生较严重。

1. 症状识别

小麦自幼苗至成株期均可受害,病菌主要危害叶片,也可危害叶鞘、茎秆和穗部。发病初期,出现黄色小点,后扩大为近圆形或长椭圆形病斑,病重时病斑连接成片。病部首先长出薄丝网状的白色霉层,后形成白色粉质霉层,厚度可达 2 mm,为病菌无性阶段产生的分生孢子;后期霉层变为灰白色至黄褐色,并在其上形成黑色小点,是病菌的闭囊壳,见图 2-2-21。

图 2-2-21　小麦白粉病

2. 病原特征

小麦白粉病属于真菌性病害。小麦白粉病病菌无性阶段为串珠粉孢菌,属半知菌亚门,粉孢属;有性阶段为禾本科布氏白粉菌,属子囊菌亚门,白粉菌目。

3. 发生规律

白粉病病菌的越夏越冬方式有两种,一是以分生孢子在夏季气温较低地区的自生麦苗或夏播小麦上侵染繁殖;二是以病残体上的闭囊壳在低温干燥条件下越夏。秋季小麦出苗后,有些地区可在秋苗期发病,病菌一般以分生孢子或以菌丝体潜伏在麦组织中越冬。

病害的春季发生和流行主要与菌源量、气候条件和栽培条件等因素有关。一般病害大流行年份的菌源主要来自当地越冬病菌。气温以 20℃ 左右最有利于发病。此外,种植密度大、氮肥施用多发病重;水浇地较旱地发病重;过分缺水干旱,有时发病也重。

4. 综合防治

小麦白粉病的综合防治主要采取以种植抗病品种为主,栽培管理和化学防治相结合的措施。

(1)农业防治。

①选用抗病品种。

②根据品种特性合理密植。

③控制田间湿度,低洼地区应开沟排水,干旱地区要及时灌溉,补充水分。

④科学施肥,注意氮、磷、钾配合施用。

⑤清除田间病残体和自生麦苗,减少菌源。

(2)化学防治。

小麦抽穗扬花期是小麦白粉病防治的关键时期。选用腈菌唑、丙环唑、三唑酮等药剂,加水稀释后喷雾。每隔7天喷1次,连续2~3次。

实践操作

一、训练准备

准备好小麦主要病虫害图片,提前选择好已有病虫害发生的田园,准备好记录用的纸、笔、数码相机。

二、现场训练

1. 通过病虫害图片,识别麦蚜、小麦吸浆虫、黏虫、小麦锈病、小麦赤霉病、小麦白粉病等主要病虫害。
2. 在已有病虫害发生的田块识别病虫害,并对虫害的发生情况、病害危害情况作调查和记录。
3. 了解农业经营者对相应病虫害的防治策略和方法,并制定防治措施。

同步练习

基础知识练习

一、单项选择题

1. 小麦感染赤霉病后,在潮湿时,病穗颖壳合缝处长出(　　)霉层。
   A. 粉红色　　　　B. 铁锈色　　　　C. 淡黄色　　　　D. 深褐色
2. 腹管短圆筒形,长0.24 mm,中部稍粗壮,近端部呈瓶口状,缢缩的是(　　)。
   A. 麦二叉蚜　　　B. 麦长管蚜　　　C. 禾缢管蚜　　　D. 麦无网长管蚜
3. 夏孢子堆鲜黄色,最小,狭长至长椭圆形,成株期呈虚线状并与叶脉平行排列,幼苗期以入点为中心,呈同心轮状排列的是小麦(　　)的特征。
   A. 锈病　　　　　B. 叶锈病　　　　C. 条锈病　　　　D. 秆锈病
4. 小麦蚜虫,中脉分支1次的是(　　)。
   A. 麦二叉蚜　　　B. 麦长管蚜　　　C. 禾缢管蚜　　　D. 麦无网长管蚜
5. 黏虫属鳞翅目(　　)。
   A. 螟蛾科　　　　B. 夜蛾科　　　　C. 麦蛾科　　　　D. 刺蛾科
6. 幼虫呈扁纺锤形,橙红色,潜伏在颖壳内吸食正在灌浆的麦粒汁液,造成秕粒、空壳的是(　　)。
   A. 小麦吸浆虫　　B. 小麦黏虫　　　C. 小麦蚜虫　　　D. 小麦螟虫
7. 小麦病虫害中,会在病部长出薄丝网状的白色霉层的是(　　)。
   A. 锈病　　　　　B. 赤霉病　　　　C. 白粉病　　　　D. 麦蚜

8. 小麦赤霉病腐烂最为普遍的是( )。
   A. 苗腐　　　　B. 茎腐　　　　C. 秆腐　　　　D. 穗腐

9. 在多雨潮湿的环境条件下，如病穗上的颖壳合缝处长出一层粉红色的霉状物，即可判定是小麦的( )。
   A. 条锈病　　　B. 白粉病　　　C. 赤霉病　　　D. 秆锈病

10. 主要为害叶片，夏孢子堆鲜黄色，最小，狭长至长椭圆形，成株期呈虚线状并与叶脉平行排列的是( )。
    A. 小麦条锈病　　B. 小麦叶锈病　　C. 小麦秆锈病　　D. 水稻细菌性条斑病

11. 小麦病害中，主要为害叶片，有时也可为害叶鞘和茎。夏孢子堆橘红色，居中，圆形至椭圆形，散生，排列不规则的是( )。
    A. 小麦条锈病　　B. 小麦叶锈病　　C. 小麦秆锈病　　D. 水稻细菌性条斑病

12. 主要为害茎秆、叶鞘和叶片，也可为害穗部。夏孢子堆深褐色，最大，长椭圆形至长方形，排列散乱，无规则的是( )。
    A. 小麦条锈病　　B. 小麦叶锈病　　C. 小麦秆锈病　　D. 水稻细菌性条斑病

二、多项选择题

1. 在我国，为害麦类作物的蚜虫，主要有( )等。
   A. 麦二叉蚜　　B. 麦长管蚜　　C. 禾缢管蚜　　D. 麦无网长管蚜

2. 目前为害小麦的锈病主要有( )。
   A. 条锈病　　　B. 叶锈病　　　C. 秆锈病　　　D. 梨锈病

3. 下列关于小麦锈病的描述，正确的有( )。
   A. 条锈成行叶锈乱，秆锈是个大红斑
   B. 条锈病主要危害叶片，也可危害叶鞘、茎秆和穗部
   C. 秆锈病幼苗期以侵入点为中心，呈同心轮状排列
   D. 小麦条锈病、秆锈病、叶锈病的病菌均属担子菌亚门，锈菌目。

4. 麦蚜在冬麦田或禾本科杂草上越冬时，其虫态为( )。
   A. 成虫　　　　B. 若虫　　　　C. 蛹　　　　　D. 卵

5. 小麦蚜虫刺吸小麦茎、叶和嫩穗的汁液的虫态为( )。
   A. 成虫　　　　B. 若虫　　　　C. 卵　　　　　D. 蛹

6. 吸浆虫是一种伤害小麦的毁灭性害虫，在我国主要有( )两种。
   A. 麦绿吸浆虫　B. 麦小吸浆虫　C. 麦黄吸浆虫　D. 麦红吸浆虫

7. 下列关于小麦赤霉病的描述，正确的有( )。
   A. 发病初期首先在小穗颖壳基部出现淡褐色或黄色斑点，病轻时，只有个别小穗发病，病重时可以扩展至几个小穗、半个麦穗甚至全穗
   B. 在干燥的环境下，病穗上的颖壳合缝处会长出一层粉红色的霉状物，即病菌的分生孢子座和分生孢子
   C. 小麦生育后期，病穗的颖片上常产生密集的蓝黑色小颗粒，即病菌的子囊壳
   D. 小麦整个生育期，许多部位均可受害，形成苗腐、茎腐、秆腐、穗腐及白穗等多种症状类型

三、判断题(判断下列描述的正误，描述正确的在括号内填A，错误的填B)

( )1. 麦蚜只危害麦类作物。

( )2. 我国小麦吸浆虫主要有麦红吸浆虫和麦黄吸浆虫两种类型。

( )3. 黏虫为多食性害虫。

( )4. 小麦锈病后期病部形成黑色疱状小突起，是病菌的冬孢子堆。

( )5. 小麦吸浆虫幼虫呈扁纺锤形，橙红色，体长2~2.5 mm，前胸腹部有一"Y"形剑骨片。

( )6. 三种小麦锈病的区别主要表现在孢子堆的分布、大小、形状、颜色和排列方式上，可形象地概括为"条锈成行秆锈乱，叶锈是个大红斑"。

( )7. 小麦赤霉病症状为：在潮湿时，病穗颖壳合缝处长出粉红色霉层。

( )8. 小麦白粉病主要为害叶片。

( )9. 小麦叶锈病主要为害叶片，有时也可为害叶鞘和茎，夏孢子堆橘红色，居中，正方形，散生，排列规则。

( )10. 小麦吸浆虫在小麦灌浆期化蛹。

技能训练

1. 通过图片识别小麦病虫害，每正确识别1个病虫害得5分。

2. 描述麦蚜、小麦吸浆虫、黏虫的各虫态特征，小麦锈病、小麦赤霉病、小麦白粉病的各病害症状，每正确描述1个虫害或病害得5分。

3. 简述麦蚜、小麦吸浆虫、黏虫、小麦锈病、小麦赤霉病、小麦白粉病的主要防治技巧，每全面、正确简述1个虫害或1个病害的防治技巧得10分。

考核评价

小麦病虫害识别与防治考核评价表

考核项目	内容	分值	得分
技能操作(55分) (以小组为单位考核)	能通过彩色图片识别并能正确描述麦蚜、小麦吸浆虫、黏虫的各虫态特征(5分)；能通过彩色图片识别并能正确描述小麦锈病、小麦赤霉病、小麦白粉病的病害症状(10分)；能简单描述虫害发生规律和病害发病规律(10分)	25	
	能在田间识别并能正确描述麦蚜、小麦吸浆虫、黏虫的各虫态特征(5分)；能正确描述小麦锈病、小麦赤霉病、小麦白粉病的病害症状(5分)；能简单描述虫害发生规律和病害发病规律(5分)	15	
	能正确说出麦蚜、小麦吸浆虫、黏虫的2种防治方法(7分)；能正确说出2种防治小麦锈病、小麦赤霉病、小麦白粉病的防治方法(8分)	15	
学习成效(20分)	课堂作业	5	
	病虫害识别表	5	
	实习总结	5	
	小组总结	5	

续表

考核项目	内容	分值	得分
思想素质(25分)	安全规范生产	5	
	纪律出勤	5	
	情感态度	5	
	团结协作	5	
	创新思维(主动发现问题、解决问题)	5	
合计		100	
评价人员签字	1. 任课教师： 2. 实习指导教师： 3. 专业带头人： 4. 园区(企业或行业)技术员：		

备注：严禁采摘、损坏公共财物及产品，如有损毁，视情节和态度扣除个人成绩20~40分，小组成员同时扣除安全生产及团结协作成绩，情节严重的将按照相关处理办法进行违纪处理。

任务3　玉米病虫害识别与防治

基础知识

我国有玉米害虫200余种，其中主要有玉米螟、小地老虎、大螟和黏虫；玉米病害40余种，其中主要有玉米大斑病、玉米小斑病、纹枯病、黑粉病和病毒病。

一、玉米虫害的识别与防治

(一)玉米螟

玉米螟属鳞翅目、螟蛾科，又称玉米钻心虫，是世界性害虫。国内除西藏尚未发现外，其他各省、直辖市、自治区均有发生。玉米螟以幼虫危害，可造成玉米花叶、折雄、折秆、雌穗发育不良、籽粒霉烂，导致减产。

1. 形态特征

成虫：体长13~15 mm，翅展25~35 mm，体黄褐色，前翅中部有2条褐色波状纹，两条横纹之间有2个褐斑；后翅灰黄色，也有2条褐色波状纹，与前翅横纹相接，见图2-3-1。

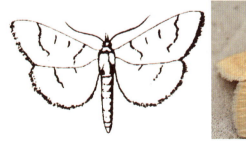

图2-3-1　玉米螟成虫

卵：扁椭圆形，长约 1 mm，初产时乳白色，后变为淡黄色至暗黑色。卵块呈鱼鳞状，见图 2-3-2。

图 2-3-2　玉米螟卵

幼虫：成熟幼虫体长 20~30 mm，头和前胸背板深褐色，体背多为淡褐、深褐、淡红或灰黄色，背线明显。腹部 1~8 腹节背面各有两列横排毛瘤，背中央 4 个呈梯形排列，见图 2-3-3。

图 2-3-3　玉米螟幼虫

蛹：体长 12~18 mm，纺锤形，黄褐色，腹末有 5~8 根向上弯曲的毛刺，见图 2-3-4。

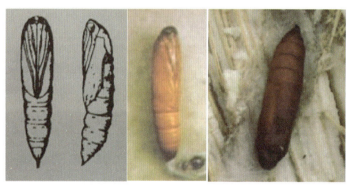

图 2-3-4　玉米螟蛹

2. 发生规律

玉米螟每年发生的世代数自北向南有 1~7 代不等。

玉米螟以老熟幼虫在寄主植物的秸秆、穗轴及根茬中越冬。

玉米螟成虫昼伏夜出，有趋光性，喜食甜物，有趋向高大、嫩绿植物产卵的习性。卵多产在叶背靠主脉处。

在玉米心叶期，初孵幼虫群集在心叶内，取食叶肉和上表皮，被害心叶展开后形成透明斑痕，幼虫稍大后，可把卷着的心叶蛀穿，故被害心叶展开后呈排孔状。玉米抽雄后，幼虫蛀入雄穗轴并向下转移到茎内蛀害。在玉米穗期，除少数幼虫仍在茎内蛀食外，大部分幼虫转移到雌穗危害，取食花丝和幼嫩籽粒，故玉米心叶末期、幼虫群集尚未转移前，是化学防治玉米螟的关键时期。玉米螟的为害状见图 2-3-5 和图 2-3-6。

图 2-3-5　玉米螟为害叶

图 2-3-6　玉米螟为害玉米籽粒

玉米螟的发生与品种抗性、虫口基数、温湿度、天敌、栽培制度等密切相关。

3. 综合防治

防治玉米螟应采取以预防为主的综合防治措施。

(1)农业防治。

①选用抗虫品种。

②处理秸秆，压低虫口基数。

③改革耕作制度，压缩春播玉米面积，扩大夏播玉米面积。

(2)人工物理防治。

点灯诱蛾，灭杀成虫。利用玉米螟成虫的趋光性，用频振式杀虫灯、黑光灯、高压汞灯等诱杀玉米成虫。

(3)生物防治。

①施放赤眼蜂，在始卵期每亩施放1万~3万只，每天1次，每间隔3天施放1次，共施放3次。

②施用苏云金杆菌，在玉米心叶末期前3~5天，用苏云金杆菌加水10 kg或拌细沙10 kg灌心叶，每1 kg灌100株，隔10天后进行第二次施药。

(4)化学防治。

①防治适期：卵孵化高峰期。

②防治指标：玉米心叶末期花叶率达10%。

③在玉米心叶末期，用辛硫磷颗粒剂撒施于玉米喇叭口内。

④穗期灌穗或喷雾。选用高效氯氰菊酯、氯虫·噻虫嗪等药剂，加水稀释后喷雾。在玉米散粉基本结束时，用90%敌百虫或50%甲胺磷乳油溶液蘸花丝，熏杀在穗部为害的幼虫。

(二)玉米田小地老虎

小地老虎属鳞翅目，夜蛾科。小地老虎以幼虫为害寄主的幼茎及叶片，食性杂，主要为害玉米、高梁、烟草和多种蔬菜。

1. 形态特征

成虫：成虫体长16~23 mm，翅展42~54 mm；前翅黑褐色，有肾状纹、环状纹和棒状纹各一，肾状纹外有尖端向外的黑色楔状纹与亚缘线内侧2个尖端向内的黑色楔状纹相对，见图2-3-7。

幼虫：头部暗褐色，侧面有黑褐斑纹，体黑褐色稍带黄色，密布黑色小圆突，腹部末端肛上板有一对明显黑纹，背线、亚背线及气门线均黑褐色，不很明显，气门长卵形，黑色，见图2-3-8。

图2-3-7　小地老虎成虫

图2-3-8　小地老虎幼虫

卵：扁圆形，花冠分三层，第一层为菊花瓣形，第二层为玫瑰花瓣形，第三层为放射状菱形。

蛹：黄褐至暗褐色，腹末稍延长，有一对较短的黑褐色粗刺。

2. 发生规律

小地老虎在中国南方各省区的大部分地区均有发生，一般以幼虫和蛹在土中越冬。

幼虫食性很杂，主要在各类作物的幼苗期为害。1~3龄幼虫日夜均在地面植株上活动取食，取食叶片（特别是心叶）成孔洞或缺刻，这是检查幼龄幼虫和药剂防治的标志。到4龄以后，幼虫白天躲在表土内，夜间出来取食。取食时，幼虫就在齐土面部位，把幼苗咬断使其倒伏在地，或将切断的幼苗连茎带叶拖至土穴中，以备食用。

3. 综合防治

（1）农业防治。

及时铲除地头、地边、田埂路旁的杂草，并将杂草带到田外及时沤肥或烧毁，能消灭部分虫卵或幼虫。

（2）物理防治。

①诱杀成虫。结合黏虫用糖、醋、酒诱杀液的方法进行诱杀，或用甘薯、胡萝卜等发酵液诱杀成虫。

②诱捕幼虫。用泡桐叶或莴苣叶诱捕幼虫，于每日清晨到田间捕捉；对于高龄幼虫，也可在清晨到田间检查，如果发现有断苗，则拨开附近的土块，进行捕杀。

（3）生物防治。

可用六索线虫、小卷蛾线虫进行防治。

（4）化学防治。

对不同龄期的幼虫，应采用不同的施药方法。幼虫3龄前用喷雾，喷粉或撒毒土进行防治；3龄后，田间出现断苗时，可用毒饵或毒草诱杀。

①喷雾。可选用50%辛硫磷乳油、2.5%溴氰菊酯乳油、40%氯氰菊酯乳油、90%晶体敌百虫兑水喷雾。喷药适期应在幼虫3龄盛发前。

②毒土或毒砂。可选用2.5%溴氰菊酯乳油、50%辛硫磷乳油、40%甲基异柳磷乳油喷拌细土配成毒土，顺垄撒施于幼苗根标附近。

③毒饵或毒草。一般虫龄较大时可采用毒饵诱杀。可选用90%晶体敌百虫、50%辛硫磷乳油兑水喷在

50 kg 碾碎炒香的棉籽饼、豆饼或麦麸上，于傍晚在受害作物田间每隔一定距离撒一小堆，或在作物根际附近围施。

二、玉米病害的识别与防治

玉米大斑病与玉米小斑病

玉米大斑病又称煤纹病，玉米小斑病又称斑点病。这两种病害是玉米上普遍发生的两种病害，发生轻时对产量影响不大，严重时则能使叶片全部枯死，造成大减产。我国自大面积推广杂交品种以来，玉米大斑病与玉米小斑病均日益严重，直接威胁着玉米的高产、稳产。

1. 症状识别

玉米大斑病与玉米小斑病主要为害叶片，也可侵染叶鞘和苞叶。

（1）玉米大斑病。

病斑大而少，呈梭形或长纺锤形，长 5~20 cm。发病初期为青褐色水渍状小斑点，几天后很快沿叶脉向上下扩展成梭形大斑，边缘暗褐色，中央淡褐色。天气潮湿时，病斑上密生黑褐色霉层，为病菌的分生孢子梗和分生孢子，见图 2-3-9。

图 2-3-9　玉米大斑病

（2）玉米小斑病。

病斑小而多。发病初期于叶面上产生暗色水渍状小斑点，逐渐扩大成椭圆形，长约 1 cm，一片叶上有几十个到上百个病斑。后期病斑常彼此连合，叶片干枯。潮湿情况下，病斑表面密生灰黑色霉状物，为病菌的分生孢子梗和分生孢子，见图 2-3-10。

图 2-3-10　玉米小斑病

品种不同，症状表现也有所不同，主要有 3 种不同的病斑类型。

①高抗型病斑：黄褐色坏死小斑，基本不扩大，周围具黄绿色晕圈。

②萎蔫型病斑：其又有两种类型。一种病斑呈椭圆形或长方形，黄褐色，具有明显紫褐色或深褐色

边缘；另一种病斑为椭圆形或纺锤形，不受叶脉限制，灰色或黄褐色，一般无明显的深色边缘，病斑上有时出现轮纹。这两种病斑遇高温、潮湿条件，其周围出现深绿色浸润区，并可使叶片迅速萎蔫枯死。

③坏死型病斑：有的病斑虽不产生深褐色浸润区，不表现萎蔫症状，但可联合成片，使叶片变黄枯死。

萎蔫型和坏死型均属高度感染类型。

2. 病原特征

玉米大斑病和小斑病均属真菌性病害。

玉米大斑病病菌和玉米小斑病病菌无性阶段同属半知菌亚门的突脐孢属和离蠕孢属。

3. 发病规律

玉米大小斑病两种病菌都以分生孢子附着在病残体上或以菌丝潜伏在病残体内越冬，故病残体是初侵染的主要来源。病株上长出的分生孢子主要靠风、雨进行传播再引起侵染。

不同品种的玉米对玉米大斑病和玉米小斑病的抗病力有显著差异。一般本地品种比引进品种抗病，当地培养的自交系比引进的自交系抗病，白粒型比黄粒型抗病。

高温、高湿、时晴时雨是玉米大斑病和玉米小斑病最适合的发病条件。在适宜条件下，病菌侵入后只要2~4天即完成一次侵染过程，出现症状。

4. 综合防治

玉米大斑病和玉米小斑病的综合防治采用以种植抗性品种为主，结合适期播种、消灭菌源、加强田间管理和化学防治方法共同进行防治的措施。

(1)农业防治。

①选用抗病杂交品种。

②实行间作套种，适时早播，合理密植，科学灌水。

③施足基肥，适时分期追肥，以促使植物生长健壮，提高抗病性。

④减少菌源。生长期及时去除病叶，收获后清除田间的病株和落叶，及时翻耕，以减少来年的病原菌。

(2)化学防治。

玉米抽雄灌浆期是化学防治的关键时期。可选用代森锌、丙环·嘧菌酯、吡唑嘧菌酯等药剂，加水稀释后喷雾。每隔7天喷1次，连续2~3次。

实践操作

一、训练准备

准备好玉米主要病虫害图片，提前选择好已有病虫害发生的田园，准备好记录用的纸、笔、数码相机。

二、现场训练

1. 通过病虫害图片，识别玉米螟、小地老虎、玉米大斑病、玉米小斑病等主要病虫害。
2. 在已有病虫害发生的田间识别病虫害，并对虫害的发生情况、病害危害情况作调查和记录。
3. 了解农业经营者对相应病虫害的防治策略和方法，并制定防治措施。

同步练习

基础知识练习

一、单项选择题

1. 玉米螟在作物秸秆、穗轴和根茬中越冬时，其虫态是( )。
   A. 卵　　　　　　　B. 老熟幼虫　　　　　C. 蛹　　　　　　　D. 成虫

2. 玉米螟的防治适期是( )。
   A. 产卵高峰期　　　B. 卵孵化高峰期　　　C. 孵化末期　　　　D. 蛹期

3. 玉米大斑病的典型病征是：天气潮湿时，病斑上密生( )。
   A. 灰黑色霉层　　　B. 黑褐色霉层　　　　C. 黑粉状物　　　　D. 蓝黑色颗粒

4. 采用化学防治方法防治玉米螟，其关键时期是玉米的( )。
   A. 拔节期　　　　　B. 心叶末期　　　　　C. 抽雄灌浆期　　　D. 成熟期

5. 病斑大而少，呈梭形或长纺锤形，长 5~20 cm 的是玉米( )。
   A. 小斑病　　　　　B. 黑粉病　　　　　　C. 大斑病　　　　　D. 病毒病

6. 玉米大斑病与玉米小斑病最合适的发病条件是( )。
   A. 高温高湿　　　　B. 低温低湿　　　　　C. 高温低湿　　　　D. 低温高湿

7. 病斑为黄褐色坏死小斑，基本不扩大，周围具黄绿色晕圈，这是玉米小斑病的( )。
   A. 高抗型病斑　　　B. 萎蔫型病斑　　　　C. 坏死型病斑　　　D. 普通病斑

8. 在潮湿条件下，玉米叶片出现大量灰黑色霉层是( )的症状。
   A. 玉米锈病　　　　B. 纹枯病　　　　　　C. 玉米大斑病　　　D. 玉米小斑病

9. 玉米螟腹部 1~8 腹节背面各有两列横排毛瘤，毛瘤呈( )排列。
   A. 前二后一　　　　B. 前一后二　　　　　C. 前四后二　　　　D. 前二后四

10. 成虫体色为黄褐色，前翅中部有 2 条褐色波状纹，两横纹之间有 2 个褐斑；后翅灰黄色，也有 2 条褐色波状纹，与前翅横纹相接的是( )。
    A. 二化螟　　　　　B. 三化螟　　　　　　C. 大螟　　　　　　D. 玉米螟

11. 玉米大斑病和玉米小斑病的最适发病条件不包括( )。
    A. 高温　　　　　　B. 高湿　　　　　　　C. 时晴时雨　　　　D. 低温

12. 玉米大斑病菌和玉米小斑病菌的主要传播方式是( )。
    A. 带菌种子　　　　B. 病残体　　　　　　C. 昆虫　　　　　　D. 风和雨

二、多项选择题

1. 玉米大斑病与玉米小斑病的为害部位有( )。
   A. 叶片　　　　　　B. 叶鞘　　　　　　　C. 苞叶　　　　　　D. 玉米粒

2. 防治玉米螟可采用的农业防治措施有( )。
   A. 选用抗虫品种　　　　　　　　　　　　B. 处理秸秆，压低虫口基数
   C. 加强田间管理　　　　　　　　　　　　D. 释放赤眼蜂

3. 玉米大小斑病的农业防治措施有( )。
   A. 选用抗病杂交品种
   B. 实行间作套种，适时早播，合理密植，科学灌水

C. 施足基肥，适时分期追肥，以促使植物生长健壮，提高抗病性

D. 生长期及时去除病叶，收获后清除田间的病株和落叶，及时翻耕，以减少来年病原菌

4. 我国玉米害虫有200余种，其中主要有(　　)。

　A. 小地老虎　　　　B. 玉米螟　　　　C. 大螟　　　　D. 黏虫

5. 下列关于玉米大斑病症状特征的描述，正确的有(　　)。

　A. 病斑大、梭形、长5~20 cm

　B. 初期，叶面上产生青褐色水渍状小斑点，后沿叶脉向上下扩展呈梭形大斑

　C. 病斑边缘暗褐色，中央淡褐色

　D. 潮湿时，病斑上密生黑褐色霉状物

6. 下列对玉米螟成虫形态特征的描述，正确的有(　　)。

　A. 体长13~15 mm，翅展25~35 mm，体黄褐色

　B. 前翅中部有2条褐色波状纹

　C. 前翅两横纹间有2个褐斑

　D. 后翅灰黄色，有2条褐色波状纹，与前翅横纹相接

7. 下列属于玉米螟生物防治措施的有(　　)。

　A. 选用抗虫品种　　　　　　　　　　　B. 施放赤眼蜂

　C. 施用苏云金杆菌　　　　　　　　　　D. 选用辛硫磷颗粒剂撒于心叶内

三、判断题(判断下列描述的正误，描述正确的在括号内填A，错误的填B)

(　　)1. 玉米大斑病又称斑点病，病斑扩展不受叶脉控制。

(　　)2. 玉米抽雄灌浆期是对玉米螟进行化学防治的关键时期。

(　　)3. 玉米螟为害玉米、高粱时包括根部，整个植株都会受到伤害。

(　　)4. 玉米螟属鳞翅目、螟蛾科，又称玉米钻心虫，是世界性害虫。国内除西藏尚未发现外，其他各省、直辖市、自治区均有发生。

(　　)5. 玉米大斑病与玉米小斑病主要为害茎，也可侵染叶鞘和苞叶。

(　　)6. 玉米螟幼虫为害玉米心叶，被害心叶展开后呈排孔状。

(　　)7. 化学防治玉米大斑病和玉米小斑病的关键时期是大喇叭口时期。

(　　)8. 玉米螟卵粒初产时乳白色，逐渐变为淡黄色至暗黑色，孵化前整个卵粒变成黑色。

(　　)9. 玉米大斑病与玉米小斑病是玉米上普遍发生的两种病害，发生轻时对产量影响不大，严重时则能使叶片全部枯死，造成大减产。

(　　)10. 病残体是玉米大斑病和玉米小斑病初侵染的主要来源。

技能训练

1. 通过图片识别玉米病虫害，每正确识别1个病虫害得5分。

2. 描述玉米螟、小地老虎的各虫态特征，玉米大斑病、玉米小斑病的各病害症状，每正确描述1个虫害或病害得5分。

3. 简述玉米螟、小地老虎、玉米大斑病、玉米小斑病的主要防治技巧，每全面、正确简述1个虫害或1个病害的防治技巧得10分。

考核评价

玉米病虫害识别与防治考核评价表

考核项目	内容	分值	得分
技能操作(55分) (以小组为单位考核)	能通过彩色图片识别并能正确描述玉米螟、小地老虎的各虫态特征(5分);能通过彩色图片识别并正确描述玉米大斑病、玉米小斑病的病害症状(10分);能简单描述虫害发生规律和病害发病规律(10分)	25	
	能在田间识别并能正确描述玉米螟、小地老虎的各虫态特征(5分);能在田间识别并正确描述玉米大斑病、玉米小斑病的病害症状(5分);能简单描述虫害发生规律和病害发病规律(5分)	15	
	能正确防治玉米螟、小地老虎(7分);能正确防治玉米大斑病、玉米小斑病(8分)	15	
学习成效(20分)	课堂作业	5	
	病虫害识别表	5	
	实习总结	5	
	小组总结	5	
思想素质(25分)	安全规范生产	5	
	纪律出勤	5	
	情感态度	5	
	团结协作	5	
	创新思维(主动发现问题、解决问题)	5	
合计		100	
评价人员签字	1. 任课教师: 2. 实习指导教师: 3. 专业带头人: 4. 园区(企业或行业)技术员:		

备注:严禁采摘、损坏公共财物及产品,如有损毁,视情节和态度扣除个人成绩20~40分,小组成员同时扣除安全生产及团结协作成绩,情节严重的将按照相关处理办法进行违纪处理。

任务4 黄瓜病虫害识别与防治

基础知识

一、黄瓜虫害识别

黄守瓜属鞘翅目、叶甲科。我国为害瓜类的守瓜主要有3种，即黄守瓜、黄足黑守瓜、黄足黄守瓜。黄守瓜成虫、幼虫都能为害。成虫喜食瓜叶和花瓣，还可为害南瓜幼苗皮层，咬断嫩茎和食害幼果。叶片被食后形成圆形缺刻，影响光合作用；瓜苗被害后，常带来毁灭性灾害。守瓜幼虫在地下专食瓜类根部，重者使植株萎蔫而死；也蛀入瓜的贴地部分，引起腐烂，使瓜丧失食用价值，见图2-4-1、图2-4-2。

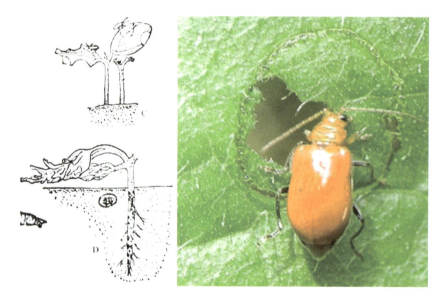

图2-4-1 黄守瓜危害状（1）

图2-4-2 黄守瓜为害状（2）

1. 形态特征

成虫：体长 8~9 mm，长椭圆形，体黄色，中后胸及腹面为黑色，前胸背板长方形，中有一较深的波浪形凹沟。鞘翅上密布细点刻。足的腿节黄色，上下各有 1 条黑纹，胫节及跗节均为黑色，见图 2-4-3。

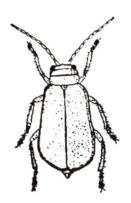

图 2-4-3　黄守瓜成虫

卵：直径近 1 mm，近球形，黄色，表面具六角形蜂窝状网纹，近孵化时变为灰白色。

幼虫：初孵白色，以后渐变为褐色。老熟时体长约 12 mm，头部黄褐色，前胸背板黄色，体黄白色，臀板腹面有肉质突起，上生微毛，见图 2-4-4。

图 2-4-4　黄守瓜幼虫

蛹：长 9 mm，纺锤形，乳白带有淡黄色。

2. 发生规律

成虫稍有群集性，喜阳光，飞翔力强，有假死性。成虫取食叶片时以身体为半径旋转咬食一圈，再食圈内叶片，在叶片上留下环型食痕或孔洞。

卵大多成堆，或散产于寄主根际附近湿土凹陷处。

幼虫孵化后即钻入土内，寻找寄主组织为害，先吃作物的支根、主根及茎基；3 龄后幼虫可蛀入主根或近地的根茎内部上下取食。

幼虫老熟后即在为害部位附近作土茧化蛹。

黄守瓜以成虫潜伏在避风向阳的田埂土坡缝隙中、土块下或杂草落叶中越冬。

3. 综合防治

（1）农业防治。

①合理间作。瓜类与甘蓝、芹菜及茴等间作，可显著减轻为害程度。

②防止成虫产卵。采用地膜栽培，或在瓜苗四周表土撒草木灰、糠壳、锯末等，可防其产卵。

（2）化学防治。

在瓜苗定植后至 4~5 片真叶前及时喷药防治，是保苗的关键。可选用敌杀死乳油、氯氰菊酯乳油、晶体敌百虫加水喷雾。

二、黄瓜病害识别

(一)黄瓜霜霉病

黄瓜霜霉病是在全世界广为分布的病害之一，在我国各地都有发生，以长江流域及其以南地区发生普遍而严重。黄瓜霜霉病病害来势猛，传播快，在一两周内就可造成植株叶片大量枯死，对产量造成较大损失。

黄瓜霜霉病除为害黄瓜外，也可为害甜瓜、南瓜、丝瓜、冬瓜和苦瓜等蔬菜。

1. 症状识别

黄瓜霜霉病主要为害叶片，发病初期在叶片正面产生淡黄色小斑块，扩大后因受叶脉限制而呈多角形淡黄色病斑。潮湿时，在叶背病斑上长有灰紫色霉层，为病菌的孢囊梗和孢子囊。严重时，病斑连接成片，全叶呈黄褐色，干枯蜷缩，田间一片枯黄，使植株早衰早死，见图 2-4-5 和图 2-4-6。

图 2-4-5 黄瓜霜霉病初期病斑

图 2-4-6 黄瓜霜霉病后期病斑

2. 病原特征

黄瓜霜霉病原菌属鞭毛菌亚门，假霜霉属。

3. 发病规律

黄瓜霜霉病在温暖的南方全年不断发生。北方温室黄瓜也能不断产生孢子囊，从而造成保护地和露地黄瓜霜霉病的周年传播，此外，孢子囊可随气流由南向北不断扩散蔓延。

田间发病常从低洼潮湿处形成中心病株，并向四周扩展蔓延；环境适宜时，在发病后的十余天内，即可造成全田叶片干枯，形成黄枯死亡。

黄瓜霜霉病的发生与流行和气象条件密切相关。在气象条件中，湿度又是决定发病与否及流行程度的关键因子。适于黄瓜霜霉病病害流行的气温为 20~24℃，在此基础上，多雨、多雾、时晴时雨、昼夜温差大、相对湿度 85% 以上，病害就会流行。

不同黄瓜品种间抗性差异很大，一般晚熟品种比早熟品种抗性强。

栽培管理中，凡地势低洼、排水不良、种植过密、肥料不足的，病害发生重。

4. 综合防治

黄瓜霜霉病的综合防治主要采取以农业防治为主，辅以化学防治的措施。

（1）农业防治。

①选用抗病品种。因地制宜选用高产抗病品种。

②加强栽培管理。选择地势较高，排水良好的地块栽培；合理密植，施足基肥，增施磷、钾肥，使植株健壮生长，增强抵抗力，减轻发病。

（2）化学防治。

在发病初期如在田间出现发病中心，应立即喷药防治。可选用吡唑醚菌酯、烯酰吗啉锰锌、氰霜唑、木霉菌、精甲霜灵锰锌、恶唑菌酮·霜脲氰、氟吡菌胺·霜霉威等药剂，加水喷雾。每隔 7~10 天喷一次，连续 2~3 次。保护地还可选用百菌清烟剂熏烟进行防治。

（二）黄瓜疫病

黄瓜疫病是黄瓜的一个重要病害。该病来势猛、蔓延快，常造成黄瓜大面积死亡，甚至毁灭。

1. 典型症状

苗期至成株期均可发生，主要危害茎基部。发病初期，茎基部呈暗绿色水渍状；苗期发病，多表现为嫩尖生长点呈暗绿色水渍状萎蔫，干枯且呈秃尖状。成株发病，主要在茎部或节间出现暗绿色水渍状斑，后变软，显著缢缩，表皮腐烂，木质部外露，呈麻丝状，其上部叶片逐渐萎蔫，最后全株枯死，呈青枯状。叶片受害，产生圆形或不规则形水浸状大斑。瓜条被害，产生暗绿色水浸状近圆形凹陷斑，湿度大时，病斑迅速发展，后期病部长出稀疏的灰白色霉层，病瓜皱缩，软腐，有腥臭味，见图 2-4-7。

图 2-4-7　黄瓜疫病病状

2. 病原特征

病原菌病原为甜瓜疫真菌，属鞭毛菌亚门，疫霉属。

3. 发病规律

病原以菌丝体、卵孢子及厚垣孢子随病残体在土壤或粪肥中越冬。

在田间可借风雨和灌溉水传播。

南方主要在春夏雨季流行，北方主要在夏末秋初的雨季发病。多雨、大暴雨时，病害蔓延快，危害重。连作地，地势低洼，排水不良，浇水过多的黏土地，如施入带菌的有机肥地块，易发病。

4. 综合防治

瓜类疫病的综合防治主要采取以农业防治为主，辅以化学防治的措施。

（1）农业防治。

①选用抗性品种。因地制宜，选用抗病、耐病品种。

②嫁接防病。种植用南瓜作砧木的黄瓜嫁接苗，可防疫病，还可防枯萎病。

③加强田间管理。采用高畦栽植，避免积水；苗期控制浇水。

（2）化学防治。

在发病前喷第一次药进行预防，发现发病中心后喷第二次药。选用吡唑醚菌酯·代森联、精甲霜灵锰锌、双炔酰菌胺、氰霜唑、丙森锌等药剂，加水喷雾。每隔7~10天喷一次，连续3~4次。

实践操作

一、训练准备

准备好黄瓜主要病虫害图片，提前选择好已发病的菜园，准备好记录用的纸、笔、数码相机。

二、现场训练

1. 通过病虫害图片，识别黄守瓜、黄瓜霜霉病、黄瓜疫病等主要病虫害。
2. 在已发病的菜园识别病虫害，并对虫害的发生情况和病害危害情况作调查和记录。
3. 了解农业经营者对相应病虫害的防治策略和方法，制定防治措施。

同步练习

基础知识练习

一、单项选择题

1. 黄瓜霜霉病主要危害（　　）。

　　A. 枝蔓　　　　　　B. 瓜条　　　　　　C. 叶片　　　　　　D. 根系

2. 黄守瓜（　　）喜食瓜叶和花瓣，还可危害南瓜幼苗皮层，咬断嫩茎和食害幼果。

　　A. 成虫　　　　　　B. 幼虫　　　　　　C. 蛹　　　　　　　D. 成虫和幼虫

3. 黄守瓜的（　　）在地下专食瓜类根部，重者使植株萎蔫而死，也会蛀入瓜的贴地部分，引起腐烂，使瓜类丧失食用价值。

　　A. 成虫　　　　　　B. 幼虫　　　　　　C. 成虫和幼虫　　　D. 蛹

4. 鞘翅上密布细点刻的害虫是(   )。
A. 黄守瓜　　　　B. 天牛　　　　C. 星天牛　　　　D. 褐天牛

5. 卵表面具六角形蜂窝状网纹的是(   )的卵。
A. 黄守瓜　　　　B. 菜粉蝶　　　　C. 天牛　　　　D. 玉米螟

6. 在叶片上留下环型食痕或孔洞的害虫是(   )。
A. 黄守瓜　　　　B. 菜粉蝶　　　　C. 稻纵卷叶螟　　　　D. 前三者都是

7. 黄守瓜(   )潜伏在避风向阳的田埂土坡缝隙中、土块下或杂草落叶中越冬。
A. 成虫　　　　B. 幼虫　　　　C. 成虫或幼虫　　　　D. 老熟幼虫

8. 在(   )及时喷药防治黄守瓜，是保苗的关键。
A. 瓜苗定植后至4~5片真叶前　　　　B. 瓜苗定植时
C. 瓜叶长出真叶时　　　　D. 黄瓜谢花时

9. 黄瓜霜霉病发病初期在叶片(   )产生淡黄色小斑块。
A. 正面　　　　B. 背面　　　　C. 正面和背面　　　　D. 正面或背面

10. 黄瓜霜霉病病斑扩大后因受叶脉限制而呈(   )淡黄色病斑。
A. 近圆形　　　　B. 多角形　　　　C. 三角形　　　　D. 椭圆形

11. 黄瓜疫病发病初期，茎基部呈(   )。
A. 褐色暗斑　　　　B. 淡黄色斑点　　　　C. 暗绿色水渍状　　　　D. 暗褐色水渍状

12. 黄瓜疫病以(   )为主。
A. 人工物理防治　　　　B. 化学防治　　　　C. 生物防治　　　　D. 农业防治

二、多项选择题

1. 黄守瓜成虫的特征有(   )。
A. 体长8~9 mm　　　　B. 长椭圆形　　　　C. 体黄色　　　　D. 前胸背板长方形

2. 黄守瓜幼虫的特点有(   )。
A. 幼虫初孵黄色
B. 老熟时体长约12 mm，头部黄褐色，前胸背板黄色，体黄白色
C. 老熟幼虫臀板腹面有肉质突起，上生微毛
D. 幼虫喜在瓜条中钻蛀

3. 黄守瓜蛹的特点有(   )。
A. 蛹长9 mm　　　　B. 蛹纺锤形
C. 蛹乳白带有淡黄色　　　　D. 蛹近圆球形

4. 黄守瓜成虫的习性有(   )。
A. 群集性强　　　　B. 喜阳光　　　　C. 飞翔力强　　　　D. 有假死性

5. 防治黄守瓜可用的农药有(   )。
A. 氯氰菊酯乳油　　　　B. 晶体敌百虫　　　　C. 多菌灵　　　　D. 溴菌腈

6. 黄瓜霜霉病农业防治措施有(   )。
A. 选用抗病品种　　　　B. 选择地势较高，排水良好的地块栽培
C. 合理密植，施足基肥，增施磷、钾肥　　　　D. 保护地用百菌清烟剂熏烟防治

7. 下列关于黄瓜疫病症状的说法，正确的有(   )。
A. 成株发病，木质部外露，呈麻丝状
B. 成株患病，上部叶片逐渐萎蔫，最后全株枯死，呈枯黄状
C. 瓜条被害，产生暗绿色水浸状近圆形凹陷斑，湿度大时，病斑迅速发展，后期病部长出稀疏灰白色霉层

D. 病瓜皱缩，软腐，有腥臭味

三、判断题（判断下列描述的正误，描述正确的在括号内填 A，错误的填 B）

（　）1. 黄守瓜成虫、幼虫都能危害黄瓜。
（　）2. 黄守瓜前胸背板中有一较浅的波浪形凹沟。
（　）3. 黄守瓜老熟后即在危害部位附近作土茧化蛹。
（　）4. 在瓜苗四周表土撒草木灰、糠壳、锯末等，可防止黄守瓜产卵。
（　）5. 黄瓜霜霉病在我国发病很少。
（　）6. 黄瓜霜霉病病害来势猛，传播快，在一两周内就可造成植株叶片大量枯死，使产量损失较大。
（　）7. 黄瓜霜霉病主要危害瓜条。
（　）8. 黄瓜霜霉病严重时，病斑连接成片，全叶呈黄褐色干枯蜷缩，田间一片青枯，使植株早衰早死。
（　）9. 黄瓜疫病苗期至成株期均可发生，主要危害茎尖。
（　）10. 黄瓜疫病的化学防治是在发现发病中心后喷第一次药。

技能训练

1. 通过图片识别黄瓜病虫害，每正确识别 1 个病虫害得 5 分。
2. 描述黄守瓜的各虫态特征，以及黄瓜霜霉病、黄瓜疫病各病害症状，每正确描述 1 个虫害或病害得 5 分。
3. 简述黄守瓜、黄瓜霜霉病、黄瓜疫病的主要防治技巧，每全面、正确简述 1 个虫害或 1 个病害的防治技巧得 10 分。

考核评价

黄瓜病虫害识别与防治考核评价表

考核项目	内容	分值	得分
技能操作(55分) （以小组为单位考核）	能通过彩色图片识别并正确描述黄守瓜的各虫态特征(5分)；能通过彩色图片识别并正确描述黄瓜霜霉病、黄瓜疫病的病害症状(10分)；能简单描述虫害发生规律和病害发病规律(10分)	25	
	能在菜园识别并正确描述黄守瓜的各虫态特征(5分)；能在菜园识别并正确描述黄瓜霜霉病、黄瓜疫病的病害症状(5分)；能简单描述虫害发生规律和病害发病规律(5分)	15	
	能正确防治黄守瓜(7分)；能正确防治黄瓜霜霉病、黄瓜疫病(8分)	15	
学习成效(20分)	课堂作业	5	
	病虫害识别表	5	
	实习总结	5	
	小组总结	5	

续表

考核项目	内容	分值	得分
思想素质(25分)	安全规范生产	5	
	纪律出勤	5	
	情感态度	5	
	团结协作	5	
	创新思维(主动发现问题、解决问题)	5	
合计		100	
评价人员签字	1. 任课教师： 2. 实习指导教师： 3. 专业带头人： 4. 园区(企业或行业)技术员：		

备注：严禁采摘、损坏公共财物及产品，如有损毁，视情节和态度扣除个人成绩20~40分，小组成员同时扣除安全生产及团结协作成绩，情节严重的将按照相关处理办法进行违纪处理。

任务5　柑橘病虫害识别与防治

基础知识

一、柑橘虫害识别

(一)柑橘潜叶蛾

柑橘潜叶蛾属鳞翅目、潜叶蛾科，又称鬼画符、绘图虫。柑橘潜叶蛾在国内分布于长江流域及其以南柑橘产区。以幼虫在柑橘嫩茎、嫩叶表皮下潜食，形成银白色蜿蜒隧道。受害叶片卷曲或变硬，易脱落，影响树体生长和结果。

1. 形态特征

成虫：体长仅约2 mm，体及前翅均为银白色。前翅狭长，翅基部有2条褐色纵脉约为翅长的一半，在翅中部有"Y"字形黑纹，近端部1/3处有缘毛，靠近翅尖有一明显的黑色圆斑，后翅针叶形，缘毛极长，见图2-5-1。

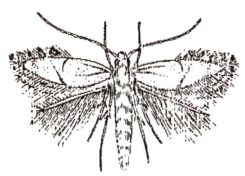

图2-5-1　柑橘潜叶蛾成虫

卵：椭圆形，长 0.3~0.6 mm，白色透明，见图 2-5-2。

图 2-5-2　柑橘潜叶蛾卵

幼虫：体扁平，纺锤形，老熟幼虫体长约 4 mm，无足，黄绿色。胸腹部每节背面两侧有 4 个凹孔，排列整齐，腹部末端尖细，具有一对细长的尾状物，见图 2-5-3。

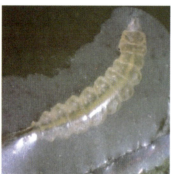

图 2-5-3　柑橘潜叶蛾幼虫

蛹：体长约 2.8 mm，纺锤形，初化蛹淡黄色，后逐渐变为黄褐色。腹部 7 节，第 1~6 节两侧均有瘤状突起，末节后缘两侧各有肉刺一个，见图 2-5-4。

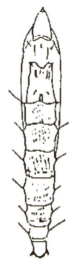

图 2-5-4　柑橘潜叶蛾蛹

2. 发生规律

柑橘潜叶蛾在长江流域及其以南柑橘产区一年发生 9~15 代，世代重叠。大多数以蛹越冬，少数以幼虫越冬。翌年4月下旬越冬蛹羽化为成虫。成虫5月开始为害，以7—9月夏秋梢抽发盛期为害最烈。成虫多于清晨羽化，夜出活动，趋光性弱，飞翔敏捷。于傍晚产卵，卵多产于嫩叶背面中脉附近。孵化后的幼虫即潜入嫩叶、嫩梢表皮下取食为害。老熟幼虫渐向叶缘蛀食，当靠近叶缘后，开始吐丝做茧，将叶缘反卷成蛹室。

柑橘嫩梢抽发期，施氮肥过多，叶片嫩绿，均便于幼虫取食，有助于柑橘潜叶蛾大发生。

3. 综合防治

柑橘潜叶蛾的综合防治主要采取以下措施。

（1）农业防治。

加强栽培管理，对柑橘树抹芽控梢，及时摘去零星抽发的夏、秋梢，适当控制肥水，促使夏、秋梢抽发整齐，既可减轻受害，又可提高喷药防治的效果。

（2）化学防治。

一般在柑橘树新梢萌发不超过3 mm或新叶受害率达5%左右开始喷药，可选用高效氯氟氰菊酯、阿维菌素、氰戊菊酯等药剂，加水稀释喷雾。

（二）柑橘凤蝶类

柑橘凤蝶类，属鳞翅目、凤蝶科，寄主有柑橘、枸橘、黄檗花椒等，我国主要有柑橘凤蝶、玉带凤蝶两类害虫。这两种凤蝶国内各柑橘产区均有分布，是柑橘苗木和幼树的重要害虫。幼虫食害嫩叶，严重时常将嫩叶吃光，影响柑橘生长。

1. 形态特征

（1）柑橘凤蝶形态特征。

成虫：体长21～30 mm，翅展70～100 mm。体黄白色，背面有宽大黑纵纹；翅黑色，有黄白色斑纹，前翅中部有4条黄白色带状纹，后翅臀角处有橙黄色圆斑，其中有一小黑点，见图2-5-5。

图2-5-5 柑橘凤蝶成虫

卵：球形，淡黄至黄色，见图2-5-6。

图2-5-6 柑橘凤蝶卵

幼虫：初龄黑褐色，有白色斜带纹，似鸟粪，成熟后黄绿色，后胸背有蛇眼斑。遇惊时，前胸背面有一对橙黄色臭角伸出，放出极浓的芳香味，见图2-5-7。

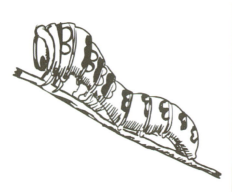

图2-5-7　柑橘凤蝶幼虫

蛹：蛹长30~32 mm，近菱形，初为淡绿色，后呈暗褐色，头角颇尖，腹面白色，见图2-5-8。

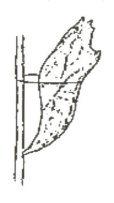

图2-5-8　柑橘凤蝶蛹

（2）玉带凤蝶形态特征。

成虫：体长25~28 mm，翅展85~95 mm。体、翅黑色，雄虫前后翅表面黑色，前后翅共有16个黄白色斑排成一列，相连如白带。雌蝶有两型：黄斑型和赤斑型。黄斑型与雄蝶相似，但后翅近外缘有数个半月形深红色小斑，或臀角上有一深红色眼状纹；赤斑型前翅黑色，后翅除外缘有数个半月形深红色斑外，翅中央还有4个黄白色椭圆形斑，见图2-5-9。

图2-5-9　玉带凤蝶成虫

卵：圆球形，黄绿色至黄色，见图 2-5-10。

图 2-5-10　玉带凤蝶卵

幼虫：初龄淡黄色，形似鸟粪。成熟后深绿色，后胸前缘有一齿状黑线纹。遇惊时，前胸背面前缘伸出紫红色臭角一对，见图 2-5-11。

图 2-5-11　玉带凤蝶幼虫

蛹：呈菱角形，长 32~35 mm，颜色变化大，见图 2-5-12。

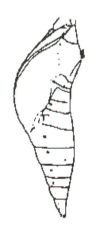

图 2-5-12　玉带凤蝶蛹

2. 发生规律

（1）柑橘凤蝶。

长江流域一年发生 3 代，以蛹附着在柑橘及附近其他植物的叶背或枝干上越冬。第一代成虫在 5—6 月出现，为春型；第二代在 7—8 月出现；第三代在 9—10 月出现，第二代和第三代均为夏型。

（2）玉带凤蝶。

长江流域一年发生4~5代，以蛹附着在柑橘叶背、枝条上越冬。次年5月上旬羽化为成虫。各代幼虫发生期为：第一代为5月中下旬，第二代为6月中旬至7月上旬，第三代为7月下旬至8月上旬，第四代为8月中下旬。

两种凤蝶生活习性基本相似，田间常混合发生。两种凤蝶成虫均属大型蝶类，于日间活动，飞翔力强，吸食花蜜，交配后雌虫当日或隔日产卵。卵散产于枝梢嫩叶尖端，9：00—12：00产卵最多。幼虫成熟后在叶背、枝上等荫蔽场所吐丝将身体固定在树枝上化蛹。

3. 综合防治

（1）物理防治。

早晨露水未干前可用捕虫网捕捉成虫。在凤蝶产卵期和幼虫期，应经常检查园区，随时人工摘除。

（2）生物防治。

自然天敌中，寄生卵的赤眼蜂和寄生蛹的凤蝶蛹、金小蜂等是凤蝶的天敌，对其有显著的控制作用，应注意保护。为保护天敌，可将蛹放在纱笼里置于园内，寄主蜂羽化后飞出再行寄生。

（3）化学防治。

1~3龄幼虫期是喷药防治的最佳时期。可选择每克300亿孢子青虫菌粉剂1 000~2 000倍液、48%毒死蜱1 500倍、2.5%高效氯氟氰菊酯1 500倍、35%毒死蜱·辛硫磷1 500倍等向叶面喷施进行防治。

（三）柑橘天牛类

天牛属鞘翅目、天牛科。国内已知的为害柑橘的天牛有20多种，其中主要是褐天牛、星天牛。天牛主要以幼虫蛀害树干、主侧枝和根部，造成许多虫道，影响水分和养分输导，以致树势衰退，整株或主侧枝枯死或易被风折断。

1. 形态特征

（1）褐天牛形态特征。

成虫：体长26~51 mm，黑褐色，有光泽。被灰黄色短绒毛。前胸背板上密生不规则的脑状皱纹。雄虫触角越过体长的1/2~2/3，雌虫触角较体略短，见图2-5-13。

图2-5-13　褐天牛成虫

卵：长约3 mm，长椭圆形，黄褐色，卵壳有网纹，见图2-5-14。

图2-5-14　褐天牛卵

幼虫：老熟时体长46~56 mm，乳白色，扁圆筒形。前胸背板上有4块横列的棕色斑，中间两块略大，见图2-5-15。

图2-5-15　褐天牛幼虫

蛹：淡黄色，翅芽叶形，伸达腹部第三节的背面后端，其余各部分似成虫，见图2-5-16。

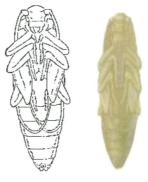

图2-5-16　褐天牛蛹

(2) 星天牛形态特征。

成虫：体长19~39 mm，漆黑色有光泽。鞘翅表面散布许多不规则排列的白色绒毛斑。鞘翅基部有大小不一的小颗粒，见图2-5-17。

图2-5-17　星天牛成虫

卵：长 5~6 mm，长椭圆形，乳白色，孵化前呈黄褐色，见图 2-5-18。

图 2-5-18　星天牛卵

幼虫：老熟幼虫体长 45~67 mm，淡黄白色。前胸背板前方左右各有一黄褐色飞鸟形斑纹，后方有一块黄褐色"凸"字形大斑纹，略隆起，见图 2-5-19。

图 2-5-19　星天牛幼虫

蛹：长 30 mm 左右，乳白色，老熟时呈黑褐色。触角细长，蜷曲，体形与成虫相似，见图 2-5-20。

图 2-5-20　星天牛蛹

2. 发生规律

（1）褐天牛。

在国内柑橘产区一般两年完成一代。幼虫期特别长，越冬虫态有成虫、二年生幼虫和当年生幼虫，均在树干木质部蛀道内越冬。老熟幼虫会在蛀道内选择适当地点，筑长椭圆形蛹室于其中化蛹。蛹期约1个月。

成虫羽化出洞时间为4月上中旬至9月中旬，有两次高峰期：第一次在5月上中旬，称春虫；第二次在7月下旬至8月上旬，称秋虫。成虫出洞多在闷热天气的晚上，20：00—21：00 为出洞高峰，出洞成虫活跃于树干间，交尾产卵。春虫数量多，5—6月间为成虫产卵期，占全期产卵数的70%~80%，6—7月为卵孵化盛期。卵多被产于树干伤口或洞口边缘、表皮凹陷处。

初孵幼虫在皮层下横向蛀食，外观有黄白色胶质流出，7~20天后，幼虫体长达10~15 mm时，开始蛀入木质部。幼虫通常先横向蛀行，然后转而向上蛀食，可造成若干岔道。幼虫蛀道有气孔与外界相通。

幼虫期很长，由夏卵孵出的幼虫，其幼虫期为15~17个月，秋卵孵出的可长达20个月。

(2) 星天牛。

每年发生一代，以幼虫在树干基部或主根内越冬。次年4月化蛹，蛹期18~30天。5—6月为成虫羽化盛期。一般在蛹室内停留5~8天，然后咬破蛹室自羽化孔爬出，飞向树冠，啃食细枝皮层或叶片。成虫多在傍晚活动，交配产卵，午后高温时多停息枝端。5月底至6月中旬为星天牛的产卵盛期。卵多产在树干离地面5 cm范围内，产卵处的痕迹呈"T"形或"L"形，表面湿润。

孵化后的幼虫，在树干皮下向下方蛀食，深度约17 cm，如果遇根较粗，则可继续为害根部，可深达地下约33 cm。幼虫在皮下蛀食3~4个月后开始深入木质部蛀成虫道，排出的粪便与木屑堆聚在树干基部周围。幼虫于11—12月开始越冬，如当年已成熟，则翌夏化蛹，否则次年仍继续发育直至老熟化蛹，幼虫期约10个月。

3. 综合防治

(1) 农业防治。

加强栽培管理，增强树势，保持树干光滑，可减少褐天牛成虫产卵；树干的孔洞或虫洞用黏土堵塞，可杜绝成虫进入产卵；对于虫口密度大、失去结果能力的衰老树，应及早砍伐处理，以减少虫源。

(2) 人工物理防治。

①防治成虫。褐天牛成虫喜在闷热夜晚外出活动，星天牛成虫多在晴天中午停歇枝端，并多在树干基部产卵。掌握这些规律，可及时组织人员捕杀成虫；也可在成虫发生期喷雾毒杀，可选用噻虫啉微囊悬浮剂加水稀释喷雾。

②刮除虫卵。夏至前后，检查树体上天牛类易于产卵的部位和初孵幼虫为害症状，发现后立即用利刀削除。在树干基部堆沙能迫使星天牛上移产卵位置，便于防治人员发现虫卵并加以剔除。幼虫初发期要注意及时扒土亮蔸，检查是否有星天牛的虫孔、虫粪，将幼虫消灭于皮下初期为害阶段。

③钩杀幼虫。清明和秋分前后检查树体，凡有虫粪者，可用钢丝钩杀幼虫。

(3) 化学防治。

对蛀入木质部较深的天牛幼虫，可用锥子裹起小棉球，蘸以熏蒸类农药，塞入虫道内，再以湿泥封堵虫孔。也可用吡虫啉+甲维盐药液于树干胸径处进行枝干注射。

(四) 柑橘螨类

为害柑橘的螨类很多，为害最严重的是柑橘锈瘿螨和柑橘红蜘蛛。

柑橘锈瘿螨又称柑橘锈壁虱，属蛛形纲、蜱螨目、瘿螨科。该螨仅为害柑橘类，以柑、橘、橙、柠檬受害重。果实被害后变为黑褐色，果皮粗糙，满布网状细裂纹，果小、皮厚、味酸。柑橘锈瘿螨在叶片上常群集于叶背为害，使叶片呈现许多赤褐色小斑点，轻则卷叶，严重落叶。

柑橘红蜘蛛又称柑橘叶螨、柑橘全爪螨，属蜱螨目、叶螨科。柑橘红蜘蛛以口器刺破叶片、嫩梢及果皮，吸取汁液，但以叶片受害最重。被害叶片呈灰白色，失去光泽；严重时引起大量落叶、落果、枯梢，影响产量。

1. 形态特征

(1) 柑橘锈瘿螨形态特征。

成螨：体长0.1~0.15 mm，胡萝卜形，黄色或橙黄色。头小，向前方伸出，头胸腹面有足2对。腹部密生环纹，末端有长尾毛 1 对，见图 2-5-21。

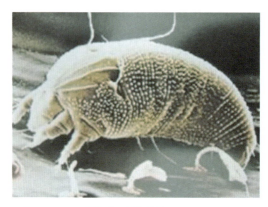

图 2-5-21　柑橘锈瘿螨成螨

卵：扁圆形，表面光滑，灰白色，半透明，见图 2-5-22。

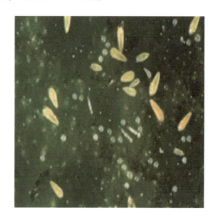

图 2-5-22　柑橘锈瘿螨卵

若螨：似成螨，体较小。初孵化为灰白色，半透明。有足 2 对，腹部环纹不明显。尾端尖细，后期体色淡黄，见图 2-5-23。

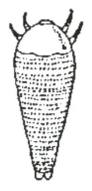

图 2-5-23　柑橘锈瘿螨若螨

(2) 柑橘全爪螨形态特征。

成螨：有足 4 对，雌螨体长 0.3~0.4 mm，椭圆形，暗红色，背面隆起，有许多小瘤状突起，其上生白色刚毛。雄螨体略小，后端较狭，呈菱形，鲜红色，足较长，见图 2-5-24。

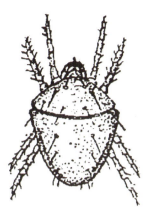

图 2-5-24　柑橘全爪螨成螨

卵：球形略扁，红色有光泽，直径约 0.13 mm，顶端生有一柄，柄端有 10~12 根细丝，向四周散射伸出，附着于叶片、果皮或枝上，见图 2-5-25。

图 2-5-25　柑橘全爪螨卵

幼螨：体长约 0.2 mm，色较淡，足 3 对。

若螨：形状色泽近似成螨，但个体稍小，足 4 对，见图 2-5-26。

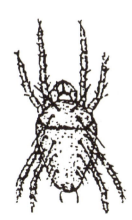

图 2-5-26　柑橘全爪螨若螨

2. 发生规律

（1）柑橘锈瘿螨。

一年发生 18~24 代，自北向南发生代数渐次增多，世代重叠。主要以成螨在柑橘枝梢腋芽和病虫引

起的卷叶内越冬。

成螨喜荫蔽，常从树冠下部和内部的叶片及果实上开始为害，再逐渐蔓延到上部及外部。以叶背和果实下方背荫面虫口密度大。

夏、秋季高温干旱有利于柑橘锈瘿螨的生长繁殖。暴风雨对该螨有冲刷作用。栽培管理粗放、土壤干旱、树势衰弱的橘园，柑橘锈樱螨发生比较严重。如经常使用铜制剂（波尔多液）防治柑橘病害，则会杀死大量天敌，常导致柑橘锈瘿螨大发生。

(2) 柑橘全爪螨。

一年中发生代数因各地气温不同而异。华南地区一年发生 12~15 代，长江流域一年发生 16~18 代，世代重叠。主要以卵和成螨在柑橘潜叶蛾为害的卷叶内及叶背越冬，部分在枝条裂缝内越冬。一年中以春、秋两季为害最重。柑橘全爪螨除进行两性生殖外，也进行孤雌生殖。卵多产于叶背主脉两侧。该螨有喜光习性，以树冠上层虫口密度较大。

3. 综合防治

(1) 柑橘锈瘿螨的综合防治。

①农业防治。

冬季进行修剪，剪除过密枝和病虫卷叶，使树干通风透光，减少越冬虫源；合理施肥、灌水和培土覆盖，增强树势。对为害严重的树，可在喷施的药剂中加 0.5% 尿素作为根外追肥，使叶片迅速转绿，对恢复树势有较好的效果。

②生物防治。

柑橘锈瘿螨的天敌主要有多毛菌、捕食性蓟马和食螨瓢虫等。在橘园中合理种植豆类、绿肥植物，如藿香蓟、紫苏，不但能增加土壤肥力，同时能降低橘园夏季温度，维护天敌种群，起到长期控制螨类为害的作用。

③化学防治。

在柑橘锈瘿螨盛发期，应 5~7 天检查一次，用放大镜检查叶背主脉两侧，当每一放大视野平均有虫 2~3 头时，或叶片和果实上有一层薄薄灰尘时，即应开展药剂防治。可选用硫磺结晶（晚秋或早春）、阿维菌素、虱螨脲、螺螨酯、矿物油等药剂，加水稀释喷雾。

(2) 柑橘全爪螨的综合防治。

①农业防治。

冬季做好清园工作，将病叶、残枝落叶、杂草等全部清理出去，集中销毁，减少越冬虫螨基数。秋季果实采摘后施基肥时，要注意氮钾比和碳氮比，嫩梢过多的果园要少施氮肥，多施钾肥和有机肥。

②生物防治。

保护和利用天敌昆虫，如深点食螨瓢虫、塔六点蓟马、园果大赤螨等。

③化学防治。

在柑橘全爪螨为害期进行药剂防治，可选用 10% 天王星乳油 6 000 倍液，或 73% 克螨特乳油 2 000 倍液。冬季喷洒波美 1~2 度石硫合剂。

(五) 柑橘蚧类

危害柑橘的蚧类很多，主要有吹绵蚧、红蜡蚧、矢尖蚧。

吹绵蚧属同翅目、绵蚧科。我国柑橘产区均有发生。为害严重，会引起落叶、落果、树势衰退，甚至枝条或全株死亡，还会诱发烟煤病，使枝叶表面覆盖一层煤烟状黑色物，影响光合作用。

红蜡蚧属同翅目、蜡蚧科。该虫寄主很多，除主要为害柑橘外，还可为害梨、苹果、茶、樱桃、龙眼、石榴及无花果等数十种果树。

矢尖蚧属同翅目、盾蚧科。矢尖蚧以雌成虫、若虫固着于叶片、果实和嫩梢上吸食汁液，叶片被害处形成黄斑，导致叶片畸形、卷曲、枝叶干枯；果实受害处成黄绿色，外观差、果味酸。矢尖蚧严重影响树势、果实产量和果实品质，还可诱发烟煤病。矢尖蚧在柑橘产区均有分布，主要危害柑橘、无花果等。

1. 形态特征

（1）吹绵蚧。

雌成虫：体椭圆形，体长5~7 mm，橘红色，腹面平坦，背面隆起，并着生黑色短毛，披有白色蜡质分泌物。无翅，足和触角均为黑色。腹部附白色卵囊。

雄成虫：体瘦小，体长约3 mm，翅展约8 mm，橘红色，触角黑色，前翅发达，紫黑色。后翅退化成平衡棍。口器退化。复眼间有单眼一对，见图2-5-27。

图2-5-27 吹绵蚧成虫

卵：长椭圆形，长约0.65 mm，宽约0.29 mm。初产时为橙黄色，后变橘红色。密集于卵囊内。

若虫：初孵若虫的足、触角及体上的毛均发达，体裸。取食后，体背覆盖淡黄色蜡粉，触角黑色。二龄开始有雌雄区别，雄虫体长而狭，颜色也较鲜明，见图2-5-28。

图2-5-28 吹绵蚧若虫

蛹：为裸蛹，橘红色，披有白蜡质薄粉。茧白色，长椭圆形，茧质疏松，自外可窥见蛹体。

（2）红蜡蚧。

雌成虫：椭圆形，背面有较厚的蜡壳覆盖。蜡壳呈暗红色，长3~4 mm，高约2.5 mm，顶部凹陷，形似脐状。有4条白色蜡带，从腹面卷向背面。虫体紫红色。

雄成虫：体长约1 mm，暗红色，前翅白色，半透明，后翅退化。单眼黑色，触角、足皆为淡黄色。

卵：椭圆形，淡红色，长约0.3 mm，两端稍细，堆集于雌虫腹下。

若虫：初孵时呈扁平圆形，长约0.4 mm，暗红色，腹端有两长毛。二龄时呈广椭圆形，稍突起，暗红色，体表披白色蜡质，三龄时蜡质增厚。

前蛹和蛹：蜡壳暗红色，长形，蛹体长约1.2 mm，淡黄色，茧椭圆形，暗红色。

红蜡蚧的各虫态见图2-5-29。

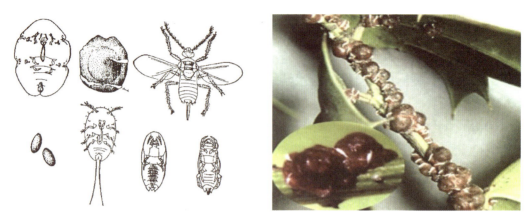

图2-5-29　柑橘红蜡蚧的各虫态

(3) 矢尖蚧。

雌成虫：蚧壳长2.0~3.5 mm，棕红色，前端尖，后端宽，正中有1条纵脊，形似箭尾，第1、2次蜕皮壳留在蚧壳的前端。雌成虫体长约2.5 mm，橙黄色，胸部长度约占体长的1/3，明显分为3节。

雄成虫：雄蚧壳长1.25~1.65 mm。狭长，粉白色。背面有3条纵脊，雄成虫体长0.5~0.8 mm。

卵：长约0.18 mm，椭圆形，橙黄色。

幼虫：初孵幼虫体长0.23~0.25 mm，草鞋形，橙黄色。触角、足发达，能爬行。蜕皮位于前端呈淡褐色。二龄幼虫为长椭圆形，淡黄色，口针细长，触角和足已消失，蚧壳为3束白色蜡质絮状物，壳点也位于蚧壳前端。

蛹：前蛹长0.7~0.8 mm，长卵形，橙黄色，腹末黄褐色，眼黑褐色。蛹体长为0.8~0.9 mm，色较前蛹深黄，触角已见分节，尾节的交配器突出。

矢尖蚧危害柑橘状见图2-5-30。

图2-5-30　矢尖蚧危害柑橘状

2. 发生规律

(1) 吹绵蚧。

吹绵蚧在我国华南一年发生3~4代，长江流域发生2~3代。发生2~3代的地区主要以若虫及无卵雌成虫越冬，其他虫态也有。

吹绵蚧若虫孵化后，在卵囊内经一段时间开始分散活动，多定居于新叶叶背主脉两侧，蜕皮时更换位置；二龄后逐渐移至枝干阴面群集危害。雌虫成熟后，固定取食，终生不再移动，并分泌白色棉絮状蜡质，形成卵囊，产卵于其中。雄若虫行动较活泼，经2次蜕皮后，口器退化，不再危害，即在枝干裂缝或树干附近松土杂草等处作茧化蛹，蛹期7天左右。在自然条件下，雄虫数量极少。吹绵蚧正常活动的温度为23.4~24.2℃，天热对其发育不利，39℃以上会引起死亡。

天敌对抑制吹绵蚧的大发生作用很大。国内已发现的吹绵蚧的天敌有澳洲瓢虫、大红瓢虫、小红瓢虫和红缘瓢虫，其中，前两种天敌的抑制作用较显著。

（2）红蜡蚧。

红蜡蚧在我国一年发生一代，以受精雌成虫附着于枝条或叶背等处越冬，翌年5月中旬开始产卵；卵产于母体下，卵期1~2天；5月下旬至6月上旬为产卵盛期。在一般年份，卵于5月中旬开始孵化，5月中下旬为卵孵化盛期。初孵若虫在母体下停留短时间后，于晴天大多爬至向阳的树冠外侧新梢、嫩叶上固定刺吸汁液，群集为害，并开始分泌白色蜡质，覆盖体背。雌若虫至9月上旬前后生长发育成熟，交配后越冬。雄若虫蜕皮2次，于8月中旬成虫羽化，雄成虫与雌虫交配后经两天即死去。

红蜡蚧在不同类型枝梢上的分布规律是：一年生春梢虫口最多，二年生春梢次之，一年生夏梢虫量少。

红蜡蚧发生危害的轻重与橘园树龄及管理情况有关，一般老龄柑橘树较幼树受害重；管理精细的较管理粗放的果园受害轻。

红蜡蚧可由风力、昆虫及苗木的调运传播。红蜡蚧的天敌较多，主要有红蜡扁角跳小蜂、红蜡蚧跳小蜂、黑色软蚧蚜小蜂及蜡蚧斑翅蚜小蜂等，天敌对红蜡蚧的发生有一定的抑制作用。

（3）矢尖蚧。

甘肃、陕西年生2代，湖南、湖北、四川年生3代，福建年生3~4代，以受精雌虫越冬为主，少数以若虫越冬。

雄成虫以群集叶背危害，趋光性很强。雌虫分散为害，交配后在一定的温度下开始产卵。矢尖蚧只能进行两性生殖。初孵若虫行动活泼，到处爬行，活动1~3 h后，即固定吸食汁液。足逐渐变小，次日体上开始分泌蜡质，2~3天后虫体中部分泌灰色薄蜡质，后也盖住虫体后部。经过蜕皮3次后为蛹。

矢尖蚧成虫在平均温度19℃以上开始产卵繁殖，10月下旬在日平均温度17℃以下停止产卵繁殖。温暖湿润有利于矢尖蚧生存，高温干燥可使矢尖蚧幼虫大量死亡。密植柑橘园树冠交叉郁闭易使矢尖蚧盛发，大树发生较幼树重。

3. 综合防治

柑橘蚧类的综合防治主要采取以化学防治为主，结合果园管理和保护利用天敌相结合的措施。具体防治措施如下。

（1）苗木实行检疫。

从外地引进苗木或接穗等繁殖材料时应检疫，以防止虫卵随苗木调运而传播。

（2）农业防治。

被害严重的橘树，应结合冬季清园重剪虫枝、干枯枝，并加强肥水管理，促进枝梢抽发，更新树冠，恢复树势。

（3）生物防治。

当吹绵蚧普遍发生、为害严重时，可引进饲放澳洲瓢虫或大红瓢虫。饲放时间为：澳洲瓢虫以4—6月和9—10月为宜，大红瓢虫以4—9月为佳。施放瓢虫的果园，在吹绵蚧未被控制前不宜施药。

（4）化学防治。

一般在若虫孵化盛期或春梢上已密布白色星点时开始喷药，每隔10~15天喷一次，连续喷2~3次。可选用噻嗪酮、毒死蜱、螺虫乙酯、矿物油、石硫合剂晶体（早春或晚秋）等药剂喷施。

二、柑橘病害识别

(一)柑橘黄龙病

柑橘黄龙病又称青果病,是当今柑橘生产中的毁灭性病害,也是国内的重点检疫对象。在我国,以华南地区危害最严重,果农对其危害的描述是"一年两年青青绿绿,三年四年黄黄缩缩,五年六年光光秃秃"。

1. 症状识别

开始发病时,在绿色的树冠上有几枝或少部分新梢的叶片黄化,呈现明显的"黄梢"病状。叶片的黄化有三种类型。

(1)均匀黄化。

叶片生长转绿后,呈现均匀黄化,早落,以幼龄树较多,见图2-5-31。

(2)斑驳型黄化。

在叶片生长转绿后,从主、侧脉附近和叶片基部开始黄化,黄化部分逐渐扩散形成黄绿相间的斑驳症状,见图2-5-32。

图 2-5-31　均匀黄化　　　　图 2-5-32　斑驳型黄化

(3)缺素型黄化。

主、侧脉附近保持绿色,而脉间叶肉黄化,类似缺锌、锰症状,叶小,狭尖,质硬,见图2-5-33。

图 2-5-33　缺素型黄化

黄化叶片在枝上着生较直立,有的还表现出叶脉粗肿。椪柑、蕉柑等品种叶脉上有时有木栓化条斑,病叶易脱落。病树呈现梢短、叶小、枝枯、枝叶稀疏、植株矮化等病状,开花早而多,但着果率低,果实变小、着色不匀,果实成熟时只在果蒂处呈红色,有"红鼻果"之称。病树根系生长衰弱,甚至腐烂,见图 2-5-34。

图 2-5-34　红鼻果

在田间调查时，识别柑橘黄龙病的主要依据是黄梢与斑驳症状。由于黄梢症状不常见，所以主要依据的是叶片的斑驳黄化症状。

2. 病原特征

柑橘黄龙病的病原属韧皮部杆菌属细菌。菌体为短杆状或多态形。对四环素族抗生素和青霉素都敏感，分布在病树叶脉筛管细胞内，可经木虱传播和嫁接传播。

3. 发生规律

柑橘黄龙病的初侵染来源主要是病树，新区的发病来源主要是带病苗木和接穗。病树可以通过嫁接传病，果园主要通过介体昆虫柑橘木虱辗转传播引起再侵染。柑橘木虱以三龄以上若虫及成虫传毒，并可进行持久性传毒。一般幼树比老树发病重。丰收后管理措施失调，橘树生活力减弱，发病重。排灌不良、施肥不当的橘园发病重。

4. 综合防治

（1）严格检疫。

严禁病区苗木、接穗调入无病区。

（2）农业防治。

采用茎尖微芽嫁接技术，培育无病母本树，建立无病母本园；再从无病母本树上采接穗，繁育无病苗木，建立无病苗圃。及时挖除病树，补栽无病苗，并加强肥水管理，提高柑橘树的抗病能力。

（3）化学防治。

病区柑橘园结合防治柑橘潜叶蛾等害虫的防治措施，加强防治柑橘木虱。

（二）柑橘溃疡病

柑橘溃疡病是国内外均重视的检疫对象，在我国以南方柑橘产区危害最严重。受害树常有落叶、枯梢和落果，树势衰弱，产量降低，果实品质变劣，导致商品价值降低。

1. 症状识别

柑橘溃疡病主要危害叶片、枝梢及果实，以苗木幼树受害最为严重。

叶片受害，叶背初生针头大小的黄色、油浸状小点，逐渐扩大，同时在叶片正背两面逐渐隆起，表皮破裂，病斑木栓化如海绵状，表面粗糙，灰褐色。以后病部中央凹陷并有细微的轮纹，周围有黄色或黄绿色晕环，在紧靠晕环处常有褐色釉光边缘。后期病斑中央凹陷处呈火山口状开裂，见图 2-5-35。

图 2-5-35 柑橘溃疡病叶

果实受害，以幼果最严重，着色后即不发病。果实上的病斑限于表皮，症状与叶部相同，但病斑较大，木栓化更坚实，病斑中央部火山口状开裂显著，外围无晕环。新梢也可受害，病斑特征与叶片相似，但隆起比叶片上更显著，多为不规则形，四周也无黄色晕环，见图 2-5-36。

图 2-5-36 柑橘溃疡病果实

2. 病原特征

该病菌是一种细菌，属黄单胞杆菌属。病菌生长的适温为 25~34℃，酸碱度范围为 pH6.1~8.8，最适为 pH6.6。

3. 发生规律

病菌潜伏于病组织内越冬，秋梢的病斑为主要越冬场所。翌年在环境条件适宜时，病部溢出菌脓，经风雨、昆虫及枝叶接触而传播。病菌由气孔、皮孔、水孔或伤口侵入。潜育期的长短取决于温度、品种和组织的老熟程度。生长期间，病菌可多次再浸染，造成病害流行。病害的远距离传播主要通过苗木、接穗、果实和种子等繁殖材料的调运。该病有潜伏侵染现象，有的秋梢受侵染后，当年不显症，到次年春季才显症。

高温高湿有利于该病害发生，当气温高达 25~30℃ 时，如果多雨，发病严重。柑橘溃疡病以夏梢发病最重，发病高峰在 6 月。春梢的发病高峰在 5 月上中旬。秋梢的发病高峰在 9 月下旬。多雨年份，秋梢发病严重。沿海地区暴风雨多的年份发病严重。施肥不当，特别是偏施氮肥使抽梢时间长且不整齐的，往往发病重。凡潜叶蛾、凤蝶等害虫为害严重的地区发病重。品种混栽的橘园，由于不同品种抽梢期不一，有利于病菌的传染危害，故发病较重。

柑橘种类不同，抗病性有差异。一般甜橙最易感病，柑类次之，橘类较抗病，金柑最抗病。

4. 综合防治

（1）加强植物检疫。

严禁病区苗木、接穗、果实、种子等进入无病区造成病区扩大。

（2）农业防治。

①苗圃应设在无病区或周围 2 km 内无柑橘等芸香科植物的隔离区，砧木、种子、接穗应采自无病果园或无病区，并经消毒。砧木、种子经 56℃ 温水处理 50 min，冷却晾干后播种；接穗用 700 IU/mL 链霉素加 1% 酒精浸 30 min 再使用；苗圃管理严格执行防疫措施。

②做好冬季清园工作，结合修剪，清除病枝、叶及散落的病残体；合理施肥，增施磷肥，使抽梢整齐，不徒长；控新梢，疏夏梢；及时防治潜叶蛾等害虫。冬季修剪后可喷 0.8～1 波美度石硫合剂。

（3）化学防治。

苗木与幼树以保梢为主，春、夏、秋梢分别在新芽抽发后 20～30 天施药；成年树以保果为主，保梢为辅，保果在谢花后 10 天、30 天、50 天各喷药一次。宜选用硫酸铜钙、氢氧化铜、碱式硫酸铜、噻菌铜、春雷·王铜等药剂进行防治。

（三）柑橘疮痂病

柑橘疮痂病是柑橘的重要病害之一，发生普遍，主要分布在亚热带柑橘产区，以长江流域柑橘产区危害最严重。柑橘树受害后，果实小而畸形，表面粗糙，味酸，品质变差，商品价值降低，严重时造成落果，产量降低。

1. 症状识别

柑橘疮痂病主要为害幼嫩叶片、新梢及果实。叶面病斑初为黄褐色圆形，水渍状小斑点，半透明，后病斑渐变为蜡黄色，进而叶面病斑凹陷，向叶背突出成瘤状或圆锥状，突起表面粗糙木栓化如疮痂状。天气潮湿时，病斑顶部生有一层粉红色霉。病斑多时，叶片畸形扭曲。新梢受害症状与叶片相同，但突起不如叶片明显，枝梢短小扭曲。幼果受害后，初生褐色小斑，后扩大为黄褐色，呈圆锥形瘤状突起。严重时病斑可连接成片，果实表面粗糙畸形，引起落果，见图 2-5-37 和图 2-5-38。

图 2-5-37 柑橘疮痂病果实

图 2-5-38　柑橘疮痂病叶

2. 病原特征

该病菌属半知菌亚门，痂圆孢属。病斑顶部所见的粉红色霉为病菌的分生孢子盘。病菌生长适温为 15~23℃。

3. 发生规律

病菌主要以菌丝体潜伏在病组织中越冬。翌年春季，当气温上升到 15 ℃ 以上，阴雨潮湿时越冬病斑上可产生分生孢子，经风雨、露水和昆虫传播，可侵入当年生的柔嫩新梢与叶片。经 5~9 天产生新病斑，新病斑上产生的分生孢子又可多次再侵染。当花瓣凋落后，病菌侵染幼果。病害远距离传播是通过苗木和接穗的调运。

一般而言，橘类最易感病，柑类、柚类中度感病，甜橙和金柑最抗病。嫩叶、嫩梢、幼果发病重。疮痂病发病温度比溃疡病低，发病的适宜温度为 20~24℃，故温带柑橘产区发病较重。柑橘疮痂病的流行需要较高的湿度，在雨水较多的年份或地区发病重。水肥管理差，通风透光不良，排水不良的橘园发病均重。

4. 综合防治

柑橘疮痂病的综合防治主要采取以下措施。

（1）苗木检验。

外来苗木要严格检验，防止病苗进入新果园。来自病区的接穗，可用甲基硫菌灵稀释液浸 30 min，洗净后再嫁接。

（2）农业防治。

春季发芽前剪去病枝、病叶，并彻底清除园内枯枝落叶，减少越冬病菌；剪去过密枝条，使树冠通风透光；加强肥水管理，促使树势健壮，新梢抽发整齐，成熟快，可减轻病害。

（3）化学防治。

化学防治主要用于保护新梢与幼果，第一次喷药应在春芽萌动时（芽长约 1 cm），保护春梢；第二次喷药在落花 2/3 时，保护幼果。若秋梢期间秋雨连绵，应施药保护秋梢。可选用代森锰锌、嘧菌酯、嘧苯甲环唑等药剂，加水稀释喷雾。

（四）柑橘炭疽病

柑橘炭疽病俗称爆皮病，是发生在柑橘上的常见病害之一，我国各地均有发生。常造成叶枯、梢枯、落花、落果及果实腐烂。

1. 症状识别

（1）叶上症状。

柑橘炭疽病病斑有两种类型，即叶斑型和叶枯型。

叶斑型。病斑多发生在成长叶片或老叶的叶缘，近圆形或半圆形，中央浅褐色或灰白色，稍凹陷，边缘褐色至深褐色。天气潮湿时病斑上出现许多肉红色小点，干燥时则出现黑色小点，有时呈轮纹状排列，见图 2-5-39。

图 2-5-39　柑橘炭疽病叶斑型

叶枯型。病斑多从叶尖处开始，初期病斑呈水渍状，暗绿色，渐变为褐色，整个病斑呈"V"字形，其上长有许多红色小点，病叶易脱落。枝梢发病有两种症状：一种发生在受冻害的秋梢上，枯死部分呈灰白色，上有黑色小点；另一种发生在枝梢中部，多从叶柄基部或受伤处开始发病，病斑初为淡褐色，椭圆形，后发展成长菱形，其上散生小黑点。当病斑环绕枝梢一周时，病梢逐渐枯死，见图 2-5-40。

图 2-5-40　柑橘炭疽病叶枯型

（2）果实症状。受害果实分为干疤、泪痕和腐烂三种类型。

干疤型。在比较干燥时发生，病斑为圆形或半圆形，黄褐色，稍凹陷，果皮硬化变质，病组织仅限于果皮层。

泪痕型。病斑为红褐色或暗褐色微凸起的条点斑痕，像流泪的痕迹一样，故称"泪痕"。

腐烂型。先从果蒂部发病，初为淡褐色水渍状，后变褐色，全果腐烂，见图2-5-41。

图 2-5-41 柑橘炭疽病腐烂型

（3）苗木症状。苗木嫩梢受害，常自顶部叶片开始发病，像被开水烫伤一样，后逐渐向下发展，使苗木嫩梢变黑枯死，见图2-5-42。

图 2-5-42 柑橘炭疽病苗木为害状

2. 病原特征

该病菌属半知菌亚门，炭疽菌属。分生孢子盘呈盘状，四周生有褐色刚毛。病菌生长的最适温度为21~28℃。

3. 发生规律

病菌以菌丝体和分生孢子盘在病组织上越冬，成为来年发病的初侵染源。翌年环境条件适宜时产生分生孢子，借风雨或昆虫传播，萌发侵入寄主引起发病。在整个生长季节，只要环境适宜，病菌可不断产生分生孢子进行再侵染。此病在多雨年份或雨水多的季节发病严重。栽培管理不良，导致树势衰弱、树木抵抗力降低的，发病较重。

4. 综合防治

（1）农业防治。

科学修剪，防止树冠郁蔽；排除积水，防止根系缺氧；冬春剪除病虫枯枝，及时清除病残体，并集中烧毁或深埋，以减少菌源；增施有机肥，防止偏施氮肥，适当增施磷、钾肥。

（2）化学防治。

化学防治以预防为主，可选代森锰锌、吡唑醚菌酯+代森联、戊唑醇+肟菌酯、多菌灵+溴菌腈或嘧菌酯等喷雾；也可以用咪鲜胺锰盐+双胍三辛烷基苯磺酸盐浸果。但要注意轮换用药，喷药时务必周到均匀，以喷湿枝叶不滴水为标准。

实践操作

一、训练准备

准备好柑橘主要病虫害的图片，提前选择好病虫害明显的果园，准备好记录用的纸、笔、数码相机。

二、现场训练

1. 通过病虫害图片，识别柑橘潜叶蛾、柑橘凤蝶类、柑橘天牛类、柑橘螨类、柑橘蚧类、柑橘黄龙病、柑橘溃疡病、柑橘疮痂病、柑橘炭疽病等主要病虫害。
2. 在病虫害特征明显的果园识别病虫害，并对虫害的发生情况、病害危害情况作调查和记录。
3. 了解农业经营者对相应病虫害的防治策略和方法，并制定防治措施。

同步练习

基础知识练习

一、单项选择题

1. 柑橘潜叶蛾的危害虫态是（　　）。
   A. 成虫　　　　　　B. 幼虫　　　　　　C. 成虫和幼虫　　　　D. 成虫或幼虫
2. 又名鬼画符、绘图虫的柑橘类害虫是（　　）。
   A. 柑橘潜叶蛾　　　B. 柑橘凤蝶类　　　C. 柑橘螨类　　　　　D. 星天牛
3. 柑橘潜叶蛾危害后形成（　　）的蜿蜒隧道。
   A. 黄色　　　　　　B. 棕色　　　　　　C. 银白色　　　　　　D. 褐色
4. 柑橘潜叶幼虫胸腹部每节背面两侧有（　　）个凹孔。
   A. 1　　　　　　　B. 2　　　　　　　C. 3　　　　　　　　D. 4
5. 柑橘凤蝶成虫前翅中部有（　　）条黄白色带状纹。
   A. 4　　　　　　　B. 5　　　　　　　C. 6　　　　　　　　D. 7

6. 柑橘玉带凤蝶雄虫前后翅表面黑色，前后翅共有（　　）个黄白色斑排成一列，相连如白带。
   A. 8　　　　　　　　B. 10　　　　　　　　C. 15　　　　　　　　D. 16
7. 苗木嫩梢受柑橘炭疽病危害，常自（　　）叶片开始发病，像被开水烫伤一样，后逐渐向下发展，使苗木嫩梢变黑枯死。
   A. 下部　　　　　　B. 中部　　　　　　　C. 中上部　　　　　　D. 顶部
8. 腐烂型柑橘炭疽病先从（　　）发病，初为淡褐色水渍状，后变为褐色，全果腐烂。
   A. 果顶　　　　　　B. 果蒂　　　　　　　C. 果脐　　　　　　　D. 果肩
9. 褐天牛成虫（　　）密生不规则的脑状皱纹。
   A. 前胸背板上　　　B. 中后胸背板上　　　C. 前胸背板与盾片上　D. 盾片上
10. 褐天牛幼虫前胸背板上有（　　）块横列的棕色斑，中间两块略大。
    A. 1　　　　　　　B. 2　　　　　　　　C. 3　　　　　　　　D. 4
11. 柑橘红蜡蚧雌成虫有（　　）条白色蜡带，从腹面卷向背面。
    A. 1　　　　　　　B. 2　　　　　　　　C. 3　　　　　　　　D. 4
12. 柑橘叶枯型炭疽病病斑多从叶尖处开始，初期病斑呈水渍状暗绿色，渐变褐色，整个病斑呈（　　）形。
    A. "Y"字　　　　　B. "V"字　　　　　　C. "S"字　　　　　　D. "O"字

二、多项选择题

1. 下列关于柑橘潜叶蛾成虫特征的描述，正确的有（　　）。
   A. 体长仅2 mm，体及前翅均为银白色
   B. 前翅狭长，翅基部有2条褐色纵脉约为翅长的一半
   C. 前翅中部有"Y"字形黑纹，近端部1/3处有缘毛，靠近翅尖有一明显的黑色圆斑
   D. 后翅针叶形，缘毛极长
2. 柑橘潜叶蛾的农业防治措施有（　　）。
   A. 抹芽控梢，及时摘去零星抽发的夏、秋梢
   B. 适当控制肥水，促使夏、秋梢抽发不一致
   C. 加强检疫
   D. 增施肥水，促进抽梢
3. 下列关于柑橘凤蝶幼虫的描述，正确的有（　　）。
   A. 初龄黑褐色，有白色斜带纹，似鸟粪
   B. 幼虫成熟后呈黄绿色，后胸背有蛇眼斑
   C. 幼虫遇惊时，前胸背面有一对橙黄色臭角伸出，放出极浓的芳香味
   D. 幼虫躯体上有黄白相间的纹路
4. 柑橘天牛主要以幼虫蛀害（　　）。
   A. 树干　　　　　　B. 主侧枝　　　　　　C. 根部　　　　　　　D. 果实
5. 星天牛幼虫的特征有（　　）。
   A. 老熟幼虫呈淡黄白色
   B. 前胸背板前方左右各有一黄褐色飞鸟形斑纹
   C. 前胸背板后方有一块黄褐色"凸"字形大斑纹
   D. 似鸟粪状
6. 下列关于柑橘溃疡病症状的说法，正确的有（　　）。
   A. 主要为害叶片、枝梢及果实，以苗木幼树受害最严重
   B. 叶片被害，叶背初生针头大小的黄色、油浸状小点

C. 叶片病部中央凹陷并有细微的轮纹，周围有黄色或黄绿色晕环，在紧靠晕环处常有褐色釉光边缘

D. 叶上病斑后期病斑中央凹陷处呈火山口状开裂

7. 柑橘疮痂病主要危害(　　)。

A. 枝干　　　　　　B. 果实　　　　　　C. 新梢　　　　　　D. 幼嫩叶片

三、判断题(判断下列描述的正误，描述正确的在括号内填 A，错误的填 B)

(　)1. 柑橘潜叶蛾卵为椭圆形，长 0.3~0.6 mm，白色透明。

(　)2. 柑橘凤蝶成虫后翅臀角处有橙黄色圆斑，其中没有小黑点。

(　)3. 柑橘卵为球形，淡黄至黄色。

(　)4. 玉带凤蝶雌蝶有黄斑型和赤斑型两种。

(　)5. 玉带凤蝶幼虫遇惊时，前胸背面前缘伸出绿色臭角一对。

(　)6. 星天牛成虫鞘翅表面散布许多不规则排列的白色绒毛斑。

(　)7. 柑橘锈瘿螨成螨似鸟粪形。

(　)8. 矢尖蚧属同翅目绵蚧科。

(　)9. 吹绵蚧成虫的后翅退化成平衡棍。

(　)10. 柑橘黄龙病又称青果病，是当今柑橘生产中的毁灭性病害，但不是国内的重要检疫对象。

技能训练

1. 通过图片识别柑橘主要病虫害，每正确识别 1 个病虫害得 5 分。

2. 描述柑橘潜叶蛾、柑橘凤蝶类、柑橘天牛类、柑橘螨类、柑橘蚧类的各虫态特征，以及柑橘黄龙病、柑橘溃疡病、柑橘疮痂病、柑橘炭疽类各病害症状，每描述正确 1 个虫害或每 1 个病害得 5 分。

3. 简述柑橘潜叶蛾、柑橘凤蝶类、柑橘天牛类、柑橘螨类、柑橘蚧类、柑橘黄龙病、柑橘溃疡病、柑橘疮痂病、柑橘炭疽类的主要防治技巧，每全面、正确简述 1 个虫害或 1 个病害的防治技巧得 10 分。

考核评价

柑橘病虫害识别与防治考核评价表

考核项目	内容	分值	得分
技能操作(55分) (以小组为单位考核)	能通过彩色图片识别并正确描述柑橘潜叶蛾、柑橘天牛类、柑橘螨类、柑橘蚧类形态特征(8分)；能通过彩色图片识别并正确描述柑橘黄龙病、柑橘溃疡病、柑橘疮痂病的病害症状(7分)；能简单描述虫害发生规律和病害发病规律(10分)	25	
	能在果园识别并正确描述柑橘潜叶蛾、柑橘天牛类、柑橘螨类、柑橘蚧类的形态特征(5分)；能在果园正确描述柑橘黄龙病、柑橘溃疡病、柑橘疮痂病的病害症状(5分)；能简单描述虫害发生规律和病害发病规律(5分)	15	
	能正确防治柑橘潜叶蛾、柑橘天牛类、柑橘螨类、柑橘蚧类等虫害(8分)；能正确防治柑橘黄龙病、柑橘溃疡病、柑橘疮痂病等病害(7分)	15	

续表

考核项目	内容	分值	得分
学习成效(20分)	课堂作业	5	
	病虫害识别表	5	
	实习总结	5	
	小组总结	5	
思想素质(25分)	安全规范生产	5	
	纪律出勤	5	
	情感态度	5	
	团结协作	5	
	创新思维(主动发现问题、解决问题)	5	
合计		100	
评价人员签字	1. 任课教师： 2. 实习指导教师： 3. 专业带头人： 4. 园区(企业或行业)技术员：		

备注：严禁采摘、损坏公共财物及产品，如有损毁，视情节和态度扣除个人成绩20~40分，小组成员同时扣除安全生产及团结协作成绩，情节严重的将按照相关处理办法进行违纪处理。

＊任务6　食品安全与昆虫标本制作

基础知识

【知识拓展1】食品安全

一、食品安全的概念与意义

(一)食品安全的概念

食品安全指食品无毒、无害，符合营养要求，对人体健康不造成任何急性、亚急性或者慢性危害。这是《中华人民共和国食品安全法》第十章附则第一百五十条规定。根据倍诺食品安全的定义，食品安全是"食物中有毒、有害物质对人体健康影响的公共卫生问题"。食品安全也是一门专门探讨在食品加工、存储、销售等过程中确保食品卫生及食用安全，降低疾病隐患，防范食物中毒的一个跨学科领域，食品安全的重要性不言而喻。2013年12月23—24日，中央农村工作会议在北京举行，习近平在会上发表重要讲话。会议强调，能不能在食品安全上给老百姓一个满意的交代，是对执政能力的重大考验。食品安全，是"管"出来的。

食品安全的含义有三个层次。

第一层，食品数量安全。即一个国家或地区能够生产民族基本生存所需的膳食需要。要求人们既能

买得到又能买得起生存生活所需要的基本食品。

第二层,食品质量安全。指提供的食品在营养、卫生方面满足和保障人们的健康需要。食品质量安全涉及食物是否被污染、是否有毒,添加剂是否违规超标、标签是否规范等问题,需要在食品受到污染之前采取措施,避免食品被污染以及遭遇主要危害因素侵袭。

第三层,食品可持续安全。这是从发展角度要求食品的获取需要注重生态环境的良好保护和资源利用的可持续。

(二)食品安全的意义

保障食品安全是全面建设社会主义现代化国家的必然要求,也是维护社会公共安全和人民切身利益的重要措施。

(1)保障人民健康和生命安全。食品是人类赖以生存的基本物质条件,食品安全直接关系到人们的身体健康和生命安全。

(2)促进经济发展和维护社会稳定。食品安全对食品行业,包括农产品的贸易和旅游发展具有直接影响。

(3)提高国民身心健康水平。食品污染可能导致食物中毒,特别是慢性中毒,这对一个地区乃至一个民族的身心健康有巨大影响。

(4)提升国家国际形象。一个国家的食品安全状况是其国际形象的重要组成部分。

(5)维护市场经济有序发展。食品安全是市场经济健康运行的关键,有助于建立和维护市场经济的诚信体系。

(6)实现食品行业的经济效益。保证食品安全质量有助于帮助食品行业创造经济价值,打开新的发展局面。

二、绿色环保的概念与意义

(一)绿色环保的概念

1. 绿色环保的概念

根据释义,绿色环保是指在保护环境的前提下,实现经济发展和社会进步,保护人民健康和生命财产安全的一种可持续发展方式。它强调生态平衡,不断地寻求环保和发展的平衡点,在发展的同时,保障生态环境的恢复和维护。

2. 绿色环保标志的含义

绿色环保标志由三部分构成,即下方的绿色环保、左右的叶片和中心的蓓蕾,象征自然生态。颜色为绿色,象征着生命、农业、环保。图形为正圆形,意为保护。

(二)绿色环保的意义

(1)守护地球家园。人类文明进步的同时,也给地球环境带来了巨大的负担,各种污染和破坏让地球的环境问题变得越来越严重。实施绿色环保可以最大限度地减轻环境负担,保护地球家园。

(2)促进经济发展。绿色环保要求我们在保护环境的前提下发展经济,这一要求同时促进着经济的发展。例如,发展绿色能源可以替代传统能源,减少生产活动对环境的污染,同时促进了绿色经济的发展。

(3)改善人民生活。实施绿色环保可以改善人们的生活环境,让人们的生活更加美好,同时能减少环境污染对人们健康的危害。

【知识拓展 2】昆虫标本制作

针插标本是指将成虫用昆虫针插起来制成的标本，是最常用的制作昆虫标本的方法之一。昆虫除幼虫、蛹和小型个体外，都可制成针插标本。

针插标本的制作

常用制作用具

1. 昆虫针

昆虫针用于固定昆虫。昆虫针由不同粗细的不锈钢丝制作而成，长短可分为 00、0、1、2、3、4、5 共 7 号，每种型号的直径和长度都有所不同，号越大，针越粗。昆虫针的型号和粗细主要根据昆虫标本的大小来选择，以确保标本的固定和展示效果为标准。00 号至 5 号昆虫针的长度均为 38 mm 或 39 mm，见图 2-6-1。

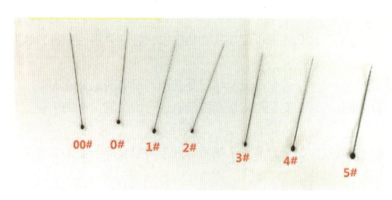

图 2-6-1　昆虫针

00 号针适用于制作微小型昆虫标本。00 号针是将 0 号针自尖端向上 1/3 处剪断，没有针帽，多插在小木块或小纸卡片上，因此也被称为二重针。

0 号针直径为 0.3 mm，每增加一个型号，直径增加 0.1 mm。这种针适用于制作体型较小的昆虫标本。

1 号至 5 号针的直径逐渐增大，从 0.4 mm 到 0.69 mm 不等。这些针适用于制作体型较大的昆虫标本，如蝶、蛾、蝉、甲虫、螳螂、蝗虫或竹节虫等。

选择昆虫针时，应根据昆虫标本的大小来选择不同型号的昆虫针。大虫应使用粗针，小虫则用细针。夜蛾类昆虫一般使用 3 号针，天蛾等大蛾类昆虫则可能需要 4 号或 5 号针。盲蝽蟓、叶蝉、小蛾类则适合使用 1 号或 2 号针。对昆虫标本进行整型时，可以使用大头针进行固定。

2. 三级台

三级台分为三级，可用一块木板做成长 120 mm、宽 40 mm、高 24 mm 的三级台，第一级高 8 mm，第二级高 16 mm，第三级高 24 mm，每一级中间有一个和 5 号昆虫针一样粗细的小孔，以便插针。一级台插标本，二级台插采集签，三级台插定名签，三级台主要是使昆虫标本与标签在昆虫针上的高度一致，方便保存。使用三级台时，按规定部位穿刺虫体后，将针连同虫体一起倒过来，把有针帽的一端插入三级台第一级小孔到底，使虫体背面紧贴台面，即为标准的虫体在针上的位置。将写有采集地点、时间和采集人的标签，插在虫体下三级台的第二级小孔到底，昆虫学名标签插在三级台的第三级小孔到底，见图 2-6-2。

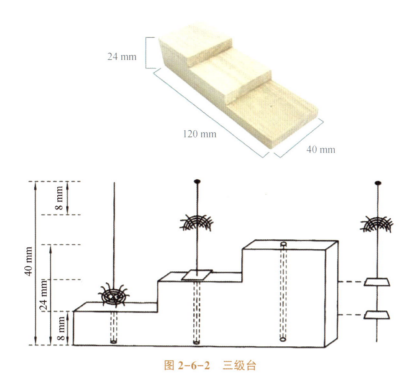

图 2-6-2 三级台

3. 展翅板

展翅板用于展开昆虫的翅。展翅板中央有一沟槽，沟槽两旁各有一块板，其中一块可以移动从而调节沟槽的宽度，以适应不同大小昆虫的展翅需要。除购入专门的展翅板外，也可以自制展翅板，简便的展翅板是用长 35 cm、宽 12 cm、厚 3 cm 的泡沫塑料板制成的，在泡沫塑料板上用利刀挖成与蝶体相称的凹槽即可，见图 2-6-3。

4. 三角台纸

三角台纸多采用硬质纸片制作，将硬纸片剪成底边长 40 mm、高 10 mm 的小型等腰三角卡。使用 0 号昆虫针将小型昆虫标本插在三角台纸上，或将标本用胶固定在三角台纸尖端上，然后用昆虫针固定。黏虫胶可用乳白胶替代，除黏虫外，黏虫胶也常用于将昆虫外生殖器粘在三角台纸上，见图 2-6-4。

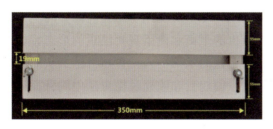

图 2-6-3 展翅板

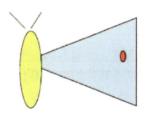

图 2-6-4 三角台纸

5. 还软器

还软器主要用于软化干标本，以便整姿展翅。在制作贮藏标本时，由于虫体已极干脆，一触即碎，必须使其还软，才能展翅和整姿。在还软器的缸中加水，水中放少许苯酚，用于防腐，隔断上面放置干标本，见图 2-6-5。

图 2-6-5　还软器

6. 整姿台

整姿台用软木料板制成，尺寸不一，板上有许多小孔。针插后使昆虫平伏在台上，可用镊子整理足、触角，以保持昆虫的自然姿势。整姿台适用于无须展翅的类群。

实践操作

针插标本的制作

1. 准备

根据标本准备好符合要求的昆虫针、大头针、三级台、展翅板、整姿台、镊子等器械。

2. 软化

如果是干硬的标本，在针插固定虫体前，应先放在还软器中 1~2 天，进行回软，使其软化，以便后续操作。

3. 插针

用镊子从还软器中小心取出昆虫，放在整姿台上，尽量避免用手触碰。插针时，依标本的大小选用适当号数的昆虫针。插针位置的选择标准是保持昆虫的平衡和便于观察昆虫的形态特征，故针插的位置因昆虫种类不同而异。一般来说，鞘翅目昆虫从右鞘翅的基部插入，直翅目昆虫从前胸背板中线偏右插入，半翅目成虫从小盾片的中线偏右插入；鳞翅目、同翅目和膜翅目昆虫从中胸背面正中插入，通过两中足中间穿出。插好后要进行整姿，使昆虫保持自然姿态，见图 2-6-6。

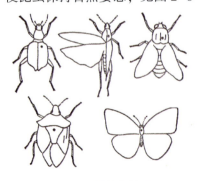

图 2-6-6　插针部位展示

4. 整姿

整姿即调整昆虫姿态，将昆虫身体各附属器官伸展开来，使其呈现出自然或美观的状态。整姿时，应将昆虫的前足向前、中足向两侧、后足向后，触角短的斜伸向前方，触角长的伸向背两侧，使之保持自然姿态。用镊子将欲固定的部位放到适当位置后，以大头针协助将肢体固定在整姿板上。待干燥后即定形，见图 2-6-7。

图 2-6-7　整姿

5. 展翅

蝴蝶、蜻蜓等昆虫需要展翅。展翅时，先将插好针的标本，小心插入展翅板中，使虫体陷入凹槽内，使翅膀和展翅板呈水平位置。在展翅板的两侧木板上，从顶端各固定一条软纸条，纸条的宽度与翅长相适应。随后用镊子将翅展开，使前翅的后缘和身体呈垂直状、后翅压在前翅内缘的下面。将翅调整到理想位置后，一手以压条纸压住翅膀，另一手拿大头针插在压条纸四周，注意大头针不能插到翅膀，使压条纸与展翅板紧密结合，借以固定翅膀。翅展好后调整一下触角、脚及腹部位置，使触角前伸，腹部不上翘或下垂，见图 2-6-8。

图 2-6-8　展翅

6. 烘干

一般在 50℃ 的定温箱中烘干，大概一周即可。如果没有烘干箱，也可以将固定好的标本放在通风干燥处晾干，要确保标本完全干燥。

7. 保存

在标本完全干燥后，制作标有采集时间、地点和采集人等资料的标签，然后分门别类地按顺序插放于标本盒中。为防虫蛀，应在标本盒中放入少许防虫剂。将标本盒放置于通风、干燥处保存。

同步练习

基础知识练习

一、单项选择题

1. 在保护环境的前提下，实现经济发展和社会进步，保护人民健康和生命财产安全的一种可持续发展方式是(   )。
   A. 绿色环保　　　B. 生态有机　　　C. 无公害　　　D. 可持续发展

2. 绿色环保强调的是(   )。
   A. 无残留　　　B. 无公害　　　C. 生态平衡　　　D. 有机

3. 下列食品保存方法中，其目的主要是杀死微生物的是(   )。
   A. 冷藏　　　B. 冷冻　　　C. 煮沸　　　D. 腌制

4. 食品安全法规定，食品生产经营者应当保证食品的(   )。
   A. 价格合理　　　B. 质量安全　　　C. 品种多样　　　D. 包装美观

5. (   )是指提供的食品在营养、卫生方面满足和保障人们的健康需要，其涉及食物是否被污染、是否有毒，添加剂是否违规超标、标签是否规范等问题，需要在食品受到污染之前采取措施，避免食品被污染以及遭遇主要危害因素侵袭。
   A. 食品数量安全
   B. 食品质量安全
   C. 食品可持续安全
   D. 食品种植安全

6. 用于固定昆虫的工具是(   )。
   A. 昆虫针　　　B. 三级台　　　C. 展翅板　　　D. 整姿台

7. 昆虫的学名标签插在三级台的(   )。
   A. 第一级　　　B. 第二级　　　C. 第三级　　　D. 哪一级都行

8. 关于昆虫标本制作，下列说法错误的是(   )。
   A. 在开始制作前，要根据标本准备好符合要求的工具
   B. 还软后，用手小心从还软器中取出昆虫，放在整姿台上
   C. 插针时，依标本的大小选用适当号数的昆虫针
   D. 整姿时，应将昆虫的前足向前、中足向两侧、后足向后，触角短的斜伸向前方，触角长的伸向背两侧，使其保持自然姿态

二、多项选择题

1. 食品安全的含义有(   )三个层次。
   A. 食品数量安全　　　B. 食品质量安全　　　C. 食品可持续安全　　　D. 食品种植安全

2. 食品安全的意义包括(   )。
   A. 保障人民健康和生命安全
   B. 促进经济发展和维护社会稳定
   C. 提高国民身心健康水平
   D. 提升国家国际形象

3. 绿色环保标志的颜色为绿色，象征着(   )。
   A. 生命　　　B. 农业　　　C. 生态　　　D. 环保

4. 制作针插标本的过程中，常用的用具有(   )。

A. 昆虫针　　　　B. 三级台　　　　C. 展翅板　　　　D. 整姿台

5. 制作插针标本，下列针插位置选择正确的有(　　)。

A. 一般鞘翅目昆虫从右鞘翅的基部插入

B. 直翅目昆虫从前胸背板中线偏右插入

C. 半翅目成虫从小盾片的中线偏右插入

D. 鳞翅目、同翅目和膜翅目昆虫从中胸背面正中插入，通过两中足中间穿出

三、判断题（判断下列描述的正误，描述正确的在括号内填 A，错误的填 B）

(　　)1. 食品安全指食品无毒、无害，符合营养要求，对人体健康不造成任何急性、亚急性或者慢性危害。

(　　)2. 绿色环保标志由三部分构成，即下方的绿色环保、左右的叶片和中心的蓓蕾，象征自然生态。

(　　)3. 绿色环保要求我们在保护环境的前提下发展经济，所以其对经济的发展有抑制作用。

(　　)4. 昆虫标本制作好后，标本盒要放置于通风、干燥处保存。

(　　)5. 插针位置的选择标准是保持昆虫的平衡和便于观察其形态特征。

(　　)6. 插好昆虫针后不要进行整姿，要使其保持自然姿态。

(　　)7. 无论是新鲜标本还是干硬的标本，都可以直接针插固定虫体。

技能训练

制作针插标本，并根据表 2-6-1 进行评分。

表 2-6-1　制作针插标本评分细则（参照技能大赛要求，满分为 50 分）

序号	考核内容	考核标准	分值	评分要求	得分
1	选针	□依据昆虫大小选择合适的昆虫针	4	□天牛选针错误，扣 2 分； □凤蝶选针错误，扣 2 分	
2	插针	□依据昆虫类型确定插针位置	4	□天牛插针位置错误，扣 2 分； □凤蝶插针位置错误，扣 2 分	
3	定高	□使用三级台定高	4	□天牛定高错误，扣 2 分； □凤蝶定高错误，扣 2 分	
4	整姿	□天牛触角向身体两侧伸展； □天牛前足向前； □天牛中足向两侧； □天牛后足向后	12	□天牛触角伸展方向错误，扣 3 分； □天牛前足伸展方向错误，扣 3 分； □天牛中足伸展方向错误，扣 3 分； □天牛后足伸展方向错误，扣 3 分	
5	展翅	□插针后的凤蝶标本插放在展翅板凹槽内，虫体身体背面与展翅板两侧相平； □凤蝶前翅后缘与体躯纵轴垂直； □凤蝶前翅后缘压住后翅前缘； □凤蝶前后翅自然展平左右对称	16	□凤蝶虫体身体背面与展翅板两侧不平，扣 2 分； □凤蝶前翅后缘未与体躯垂直，扣 6 分； □凤蝶后翅基部未被前翅压住或压住过多，扣 4 分； □凤蝶前后翅未充分展平，左右不对称，扣 4 分	

续表

序号	考核内容	考核标准	分值	评分要求	得分
6	标本完成度	□规定时间内完成制作； □昆虫标本成品无破损	6	□标本成品不完整，扣3分； □昆虫标本成品破损，扣3分	
7	整理台面	□台面整洁； □制作工具归位	4	□台面不整洁，扣2分； □制作工具凌乱，扣2分	
总分					

考核评价

昆虫标准制作考核评价表

考核项目	内容	分值	得分
技能操作(65分) (以小组为单位考核)	标本制作操作	50	
	理论知识掌握	15	
学习成效(20分)	拓展作业	5	
	实习小结	5	
	实习总结	5	
	小组总结	5	
思想素质(15分)	安全规范生产	3	
	纪律出勤	3	
	情感态度	3	
	团结协作	3	
	创新思维(主动发现问题、解决问题)	3	
合计		100	
评价人员签字	1. 任课教师： 2. 实习指导教师： 3. 专业带头人： 4. 园区(企业或行业)技术员：		

备注：严禁损坏制作用具及标本，如有损毁，视情节和态度扣除个人成绩20~40分，小组成员同时扣除安全生产及团结协作成绩，情节严重的将按照相关处理办法进行违纪处理。

项目三　植物嫁接技术

训练目标

一、知识目标
1. 理解木本植物嫁接原理；
2. 掌握木本植物切接方法；
3. 了解嫁接后管理内容和嫁接注意事项。

二、能力目标
1. 能正确选择砧木、接穗；
2. 能熟练进行木本植物切接；
3. 能对接后植株进行日常管理。

三、素质目标
1. 培养学生爱家乡、爱农业、爱专业的情怀；
2. 培养学生的团队协作精神、劳动精神、劳模精神和工匠精神；
3. 树立学生理论联系实际、服务乡村产业振兴的意识。

考纲要求

一、技能考点
1. 掌握砧木的选择技巧及处理方法；
2. 掌握接穗的选择技巧；
3. 掌握砧、穗的正确削法；
4. 掌握砧、穗形成层的对齐技巧；
5. 掌握嫁接膜的正确绑扎方法。

二、职业素养
培养学生的安全意识和环保意识。

任务1　植物嫁接技术

基础知识

一、嫁接的概念

嫁接是将一株植物的枝段或芽接到另一植株的适当部分，使它们愈合、成活，形成一个新的植株的育苗方法。接上去的枝或芽称为接穗或接芽，承受接穗的植株叫砧木，所培育的苗木称为嫁接苗。切接是嫁接方法中枝接法的一种，主要指将较粗的砧木在合适的位置横切后，再接上带有芽的一段枝的方法，切接法适用于较粗砧木。

二、嫁接苗的特点

1. 保持母本的优良性状

嫁接所用的接穗，均采自性状优良的母树，接穗的遗传性状稳定，能够保持母本原有的优良性状。

2. 提早开花结果

由于接穗是从已处于成年期的大树上采取，无童期，嫁接成活后的嫁接苗是母株生长发育的延续，因此嫁接苗常比实生苗明显提早开花、结果。

如银杏实生苗18~20年开始开花结果，嫁接苗3~5年即可开花结果。

3. 克服不易繁殖的缺陷

很多具有优良性状的树种，由于其没有种子、种子少或种子繁殖不能保留原有优良性状等，仅通过扦插等无性繁殖手段难以成活，嫁接就成为其主要的，甚至是唯一的繁殖手段。如碧桃、梅花、日本五针松和一些树种的芽变品种等。

4. 扩大繁殖系数

由于嫁接所用的砧木可用种子繁殖，容易获得，而接穗仅用一小段枝条或一个芽，用材比较经济，且繁殖期较短，因此，嫁接的繁殖系数较高。

5. 补救创伤、恢复树势

有很多古树名木，由于人兽破坏和病虫危害，树势衰弱，用生长健壮的砧木进行桥接或根接，有助于促进生长，恢复树势。如树冠缺枝时，可在缺枝处嫁接新的枝、芽，使树冠丰满美观。

6. 对现有品种改劣换良

如果品种不良，性状退化，影响到果树产量和园林绿化效果以及人体健康，则可用高接换头的方法更换新品种。

三、嫁接成活的原理

嫁接能否成活，取决于砧木与接穗的亲和力，即它们在内部的组织结构上、生理和遗传特性方面(亲缘关系)彼此相同或接近，具有互相结合、共同生长的能力。亲和力强的接穗和砧木，嫁接后彼此形成紧密结合，各自的形成层分裂出新细胞相互愈合在一起，形成愈伤组织。愈伤组织经过多次分化，将砧木与接穗双方的木质部导管和韧皮部筛管的输导组织沟通，水分和养分得以相互输送，砧穗愈合为一新植株。

四、嫁接成活的影响因素

(一)树种与品种

嫁接成活难易因植物种类而异,例如,柑橘、桃、李、苹果等较易成活,而杨梅、板栗、柿、核桃等较难成活。嫁接易成活的原因如下。

(1)能够很快产生愈伤组织的果树较易成活。

(2)砧穗贮有较多养分的易成活。

(3)韧皮部发达和不定芽发生旺盛的树种较易成活。

(4)但树脂、乳胶、单宁等次生物质丰富,髓部较大以及导管(或管胞)细小的树种,嫁接较难成活,如核桃、柿子、板栗等。

(二)嫁接亲和力

亲和力是指砧木和接穗通过嫁接能够形成愈伤组织的能力。一般来说,砧木和接穗的亲缘关系越近,亲和力愈强。如同种同品种亲和力强,同属异种较强,同科异属较弱,不同科不亲和。

砧木和接穗的亲和力可以分为四种情况:

(1)亲和良好:砧穗生长一致,接合部愈合良好,生长发育正常。

(2)亲和力差:砧木粗于或细于接穗,接合部膨大或呈瘤状,生长发育受阻。

(3)短期亲和:嫁接成活后生活几年以后长势衰弱直至枯死。

(4)不亲和:嫁接后接穗不产生愈伤组织并很快干枯死亡。

(三)砧木、接穗的质量和嫁接技术

砧、穗的愈合过程需要双方储存有充足的营养物质作保证,才有利于双方形成层正常分生愈伤组织,促进接口愈合和嫁接成活,其中尤以接穗的质量具有更重要的作用。嫁接操作迅速准确,嫁接质量好,嫁接成活率高。

(四)环境因素

1. 温度

温度是影响果树嫁接成活的主要环境因素。温度偏低,则砧木与接穗的形成层活性较低,愈合组织增生较慢,嫁接不易成活;温度偏高,则会抑制或破坏愈伤组织的恢复和发育,降低嫁接成活率。一般来说,春季外界气温逐渐回升,砧木树液开始流动,接穗尚未发芽,是果树嫁接的黄金时段。

2. 湿度

湿度指空气湿度的大小。较高的湿度利于愈伤组织形成,在大量施行嫁接时,为避免接穗过分失水,多采用湿布包裹接穗的方法保湿。

3. 光照

光照对愈伤组织生长有抑制作用。接穗嫁接到砧木上后,应保持嫁接口的避光,要严密包扎,避免光照影响愈伤组织的形成。另外,嫁接时应注意避开阴雨天、雾天等光照少的天气,以促进接穗萌发。

4. 降水

适宜的降水可保持合适的土壤湿度,提高嫁接成活率。但长期阴雨天气,尤其是嫁接后2天内,嫁接的愈伤组织形成缓慢,伤口易滋生有害病菌,影响嫁接成活,因此果树嫁接时应充分考虑各地降水规律,尽量避开连绵阴雨天气。

5. 大风

大风对嫁接的影响主要有2个时段。①在嫁接作业时遇到大风,容易使砧木和接穗创伤面水分过度散

失,影响愈合,降低成活率。②当新梢长到 35 cm 时,大风易使新梢从嫁接部位折断,在枝接时要根据当地风向与劈接点垂直或采取其他保护措施。

五、砧木的选择

砧木的选择有以下几个要点:

(1)砧木与接穗的亲和力强。

(2)对接穗的生长与结果有良好的影响。例如生长健壮、结果早、丰产、寿命长。

(3)对栽培地区的气候、土壤环境条件适应性强。例如抗旱、抗涝、抗寒、抗病虫。

(4)取材方便,易于大量繁殖。

(5)具有特殊需要的性状。如矮化等。

南方果树常用的砧木见表3-1-1。

表 3-1-1 南方果树常用的砧木

树种	常用砧木	树种	常用砧木
柑橘	枳、酸橘、酸柚、红橘、香橙	葡萄	山葡萄、SO4、5BB
龙眼	本砧、大乌圆、石硖	猕猴桃	本砧、野生猕猴桃
荔枝	本砧、禾荔、黑叶	桃	毛桃、山桃
芒果	本砧、土杧、扁桃	李	毛桃、山桃、中国李
枇杷	本砧、石楠、野生枇杷	柿	本砧、君迁子
梨	砂梨、棠梨、杜梨、豆梨	板栗	本砧、茅栗、锥荔
杨梅	本砧、野生杨梅	枣	本砧、酸枣

六、接穗的选择、采集与贮藏

(一)采穗母树的选择

(1)品种纯正且是推广发展的优良品种。

(2)适于当地自然条件,抗逆性强。

(3)树势中庸,生长健壮,处于结果盛期。

(4)无检疫性病虫害。幼龄树、树势弱、病虫害严重的树不宜作为采穗母树。

(二)接穗的采集

常绿果树采集树冠外围中上部健壮充实、芽眼饱满、已木质化的当年生枝或一年生枝作接穗。落叶果树在树木落叶后即可采集,用量大时可结合冬季修剪采集,最迟不能晚于发芽前14~21天。采后截去两端保留中段,病虫害发生严重、有检疫对象的果园,不宜采集接穗。

(三)接穗的包装

采下的接穗要分品种捆扎,去叶修整完好,每50~100枝绑成一捆,挂牌标明品种、数量、采集时间和地点,然后装入塑料袋中,迅速运到嫁接场所或贮藏点。

(四)接穗的贮藏

切接接穗如暂时不用,必须用湿布或苔藓保湿,量多时可用沙藏或冷库贮藏。苗木若需调运,必须用湿布或湿麻袋包裹,再挂上品种标签,放置在背阴处并调运。调运接穗途中要注意喷水保湿和通风换气，采用冷藏运输效果更好。

七、嫁接时间

华南地区 2—11 月都可以嫁接，但以春季 3—4 月和秋季 9—10 月嫁接成活率高。枝接常在 3—4 月和 9—10 月进行；芽接在 2—11 月都可进行，以生长期便于取芽的时期最适宜。

果树嫁接有早春嫁接、夏季嫁接和秋季嫁接。早春嫁接在果树萌芽前进行；夏季嫁接在接穗芽熟化后进行；秋季嫁接在夏末秋初进行。改良果树品种的嫁接，除葡萄等需用嫩枝嫁接的果树必须在夏季嫁接外，一般果树都可选择在早春嫁接。

秋季嫁接要注意幼枝的越冬防寒，一般果树在早春嫁接改良，更有利于其幼枝生长和树冠的形成。

八、嫁接应注意的事项

总的要求是做到"快、准、光、净、紧"。

快：指操作动作要快，刀具要锋利。

准：指砧木与接穗的形成层要对准。

光：指接穗的削面要光洁平整。

净：指刀具、削面、切口、芽片等要保持干净。

紧：指绑扎要紧。

实践操作

一、嫁接工具

常用嫁接工具有枝剪、嫁接刀、塑料条（绑扎带）等，见图 3-1-1。

图 3-1-1 嫁接工具

二、切接操作要领

1. 砧木切断

在砧木合适位置（距离地面 5.0~20.0 cm）处横切，要求切口平滑，无劈裂现象，切口下有 2~3 cm 端直平滑段，见图 3-1-2。

图 3-1-2　砧木切断

2. 削砧木

选砧木的光滑侧面，先刀口斜向上削一刀，削面 0.5 cm 左右，削去部分木质部。在前一削口韧皮部位置，刀口垂直向下削 2 cm 左右的切口，要求削面平滑，略伤木质部或不伤木质部，见图 3-1-3。

图 3-1-3　削砧木

3. 削接穗

先在接穗先端斜削一刀，削掉 1/3 木质部，削面 2~3 cm，形成长削面。再在长削面背面斜削一个小斜面，削去一些木质部，削面 0.8~1 cm，要求削面平滑，见图 3-1-4。

图 3-1-4　削接穗

削砧木与接穗时要注意安全，下刀要准，出刀要快，保证削面一刀削成。

4. 砧穗形成层对齐

将削好的接穗插入砧木切口中，使形成层对准，如果砧穗粗度不一致，让一侧形成层对准即可。接穗插入后，接穗长削面要留白0.5 cm左右，以利于砧穗形成层对齐，见图3-1-5。

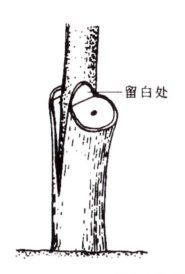

图3-1-5 对齐形成层

5. 绑扎

绑扎时要从下向上绕，呈覆瓦状。切口要全部密封在塑料条内，收口要绕回至砧木上，见图3-1-6。

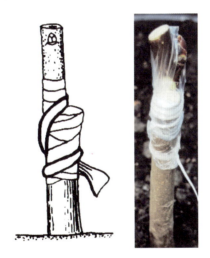

图3-1-6 绑扎

6. 场地整理

器具归位，清洁整理工作现场。

三、切接后管理

1. 防晒保湿

为了避免接穗失水，嫁接后应及时采取遮阳措施，例如搭棚、套纸袋或接穗涂蜡。一般在苗圃地进行嫁接，多用搭棚遮阳法，即将遮阳网架设在苗床之上。

2. 检查成活与补接

当切接接穗上芽萌发，则表明成活。切接未成活者可培养砧木萌蘖枝留作来年补接。

3. 除萌蘖

嫁接后，砧木上会陆续萌生许多萌蘖，要及时除去这些萌蘖，以免消耗养分和水分。除萌蘖应多次反复进行。

4. 立支柱

对接穗当年抽生新梢(长至10~15 cm)、生长快的树种，为防风折，可紧贴砧木立一小棍作固定。

5. 解绑

切接成活后，应待成活的接穗与砧木的伤口完全愈合后，方可解除绑扎物。

6. 圃内整形

当新梢超过定干高度继续生长时，可进行摘心，促发侧枝。整形带以下的芽也要随时抹除，以免消耗营养。

7. 其他管理

主要是灌水施肥、松土除草、防治病虫害等常规措施，基本与实生苗管理方法相同。

四、职业素养

(1)操作前应进行安全教育，培养安全意识。要规范使用嫁接刀、修枝剪等工具，避免尖锐部分伤害别人或自己。

(2)具有环保和节约意识，不浪费材料，不损坏公物。操作前后认真清理工具、材料，合理选择材料，不浪费材料，不乱丢乱扔材料。

(3)具有三农情怀，操作中能团结协作，热爱实践，苦练技能，能助力乡村产业振兴。

同步练习

基础知识练习

一、单项选择题

1. 亲和力强的接穗和砧木，嫁接后彼此形成紧密结合，分裂出的新细胞相互愈合在一起，形成(　　)。
   A. 形成层　　　　B. 木质部　　　　C. 韧皮部　　　　D. 愈伤组织

2. 愈伤组织经过多次分化，将砧木与接穗双方的(　　)输导组织沟通，使水分和养分得以相互输送，砧穗愈合为一新植株。
   A. 木质部管胞和韧皮部伴胞　　　　B. 木质部筛管和韧皮部导管
   C. 木质部导管和韧皮部筛管　　　　D. 木质部导管和韧皮部筛胞

3. 影响果树嫁接成活的主要环境因素是(　　)。
   A. 温度　　　　B. 湿度　　　　C. 光照　　　　D. 风和降水

4. 选择砧木不需要考虑的是(　　)。
   A. 砧木与接穗的亲和力强　　　　B. 树势中庸，处于结果盛期
   C. 对栽培地区的环境条件适应性强　　　　D. 取材方便，易于大量繁殖

项目三 植物嫁接技术

5. 常绿果树采集接穗是采集(　　)。
   A. 树冠顶端枝条　　　B. 半木质化枝条　　　C. 多年生枝条　　　D. 一年生或当年生枝条
6. 木本植物的切接高度一般为(　　)。
   A. 距离根颈 1~2 cm　　B. 距离根颈 2~3 cm　　C. 距离根颈 5~20 cm　　D. 随意高度
7. 切接接穗长削面的长度一般为(　　)。
   A. 3 mm　　　　　　　B. 2 cm　　　　　　　C. 4 cm　　　　　　　D. 6 mm
8. 下列关于木本植物切接形成层对齐的说法，错误的是(　　)。
   A. 将削好的接穗插入砧木切口中，使形成层对准
   B. 如果砧穗粗度不一致，让一侧形成层对准即可
   C. 接穗插入后，接穗长削面要留白 0.5 cm 左右
   D. 砧木与接穗的木质部和韧皮部要对齐

二、多项选择题

1. 嫁接苗的特点有(　　)。
   A. 保持母本的优良性状　　　　　　　　　B. 提早开花结果
   C. 克服不易繁殖的缺陷　　　　　　　　　D. 扩大繁殖系数
2. 影响嫁接成活的因素有(　　)。
   A. 植物种类的特性　　B. 嫁接亲和力　　C. 嫁接技术　　D. 嫁接刀的类型
3. 木本植物嫁接后的管理内容包括(　　)。
   A. 防晒保湿　　　　B. 检查成活与补接　　　C. 除萌蘖　　　　D. 解绑

三、判断题(判断下列描述的正误，描述正确的在括号内填 A，错误的填 B)

(　　)1. 嫁接是将一株植物的枝段或芽接到另一植株的适当部分，使它们愈合、成活，形成一个新的植株的育苗方法。
(　　)2. 嫁接能否成活，取决于砧木与接穗的亲和力。
(　　)3. 切削砧木与接穗时要注意安全，下刀要准，出刀要快，要保证削面一刀削成。
(　　)4. 光线对愈伤组织的生长有促进作用。
(　　)5. 绑扎时，切口要留 0.5 cm 在塑料条外，便于通风，收口要绕回至砧木上。
(　　)6. 木本植物芽接在 2—11 月都可进行，以生长期不便于取芽的时期最适宜。
(　　)7. 为了避免接穗失水，嫁接后应采取遮阳措施。
(　　)8. 芽接后接芽新鲜有光泽，叶柄一触不落，即为成活。

技能训练

进行一次木本植物嫁接，并根据表 3-1-2 对嫁接操作进行评分。

表 3-1-2　木本植物嫁接(切接)技术评分表

项目	分值	评分细则	扣分及记录
准备	5	工具检查，砧木、接穗材料检查	
砧木的选择与处理	15	离地面 5.0~20.0 cm 处横切，要求切口平滑，无劈裂现象(5分)。选砧木的光滑侧面，先刀口斜向上削一刀，削面 0.5 cm 左右，削去部分木质部；在前一削口韧皮部位置，刀口垂直下削 2 cm 左右的切口(5分)。要求削面平滑，略伤木质部或不伤木质部(5分)	

续表

项目	分值	评分细则	扣分及记录
接穗的选择与处理	20	先在接穗先端斜削一刀，削掉1/3木质部，削面2~3 cm，形成长削面(10分)。再在长削面背面斜削一个小斜面，削去一些木质部，削面0.8~1 cm，要求削面平滑(10分)	
结合	15	将削好的接穗插入砧木切口中，使形成层对准，如果砧穗粗度不一致，让一侧形成层对准即可(10分)。接穗插入后，接穗要留白0.5 cm左右(5分)	
绑扎	15	绑时从下向上绕，呈覆瓦状(10分)。切口要全部密封在塑料条内，收口要绕回至砧木上(5分)	
场地清理	10	器具归位，清洁整理工作现场	
熟练程度	20	完成嫁接任务时间短，操作规范、熟练	
合计	100		

考核评价

植物嫁接技术考核评价表

考核项目	内容	分值	得分
技能操作(65分)（以小组为单位考核）	嫁接操作	40	
	理论知识掌握	25	
学习成效(20分)	拓展作业	5	
	实习小结	5	
	实习总结	5	
	小组总结	5	
思想素质(15分)	安全规范生产	3	
	纪律出勤	3	
	情感态度	3	
	团结协作	3	
	创新思维(主动发现问题、解决问题)	3	
合计		100	
评价人员签字	1. 任课教师： 2. 实习指导教师： 3. 专业带头人： 4. 园区(企业或行业)技术员：		

备注：严禁采摘、损坏园区的财物及产品，如有损毁，视情节和态度扣除个人成绩20~40分，小组成员同时扣除安全生产及团结协作成绩，情节严重的将按照相关处理办法进行违纪处理。

任务 2　蔬菜嫁接技术

基础知识

一、蔬菜嫁接苗的意义

(1) 防止多种土传病害，克服设施连作障碍。
(2) 强大根系，增强植株的抗逆性。
(3) 促进蔬菜的生长发育，提高产量。

二、蔬菜嫁接常用砧木

蔬菜嫁接常用砧木表见表 3-2-1。

表 3-2-1　蔬菜嫁接常用砧木表

蔬菜种类	砧木种类
黄瓜	南瓜、南砧一号、新土佐
苦瓜	南瓜、葫芦、丝瓜
辣椒	野生辣椒、野生龙葵
冬瓜	南瓜、葫芦、丝瓜
茄子	托鲁巴姆、野生刺茄
西瓜	瓠瓜、南瓜、葫芦
番茄	野生番茄、BF兴津101、PFN、KVFN

三、嫁接技术

(一)茄子劈接技术

1. 茄子嫁接苗的优势

茄子嫁接苗栽培可大大减轻黄萎病、枯萎病、青枯病、根结线虫病等土传病害的发生，同时可增强植株抗性，提高其产量和品质，以便提早上市。

2. 砧木与接穗选择

茄子嫁接一般在砧木长到6~8片真叶、接穗有4~6片真叶时进行，见图3-2-1。

图 3-2-1　茄子砧木与接穗

3. 嫁接工具

嫁接刀片、蔬菜嫁接夹、酒精(75%)，见图 3-2-2。

图 3-2-2　嫁接工具

4. 茄子劈接嫁接

(1)工具消毒。

操作人员将手指、刀片等嫁接工具用75%的酒精棉球消毒。每嫁接新一盘苗前，需重复以上消毒操作。

(2)砧木处理。

用刀片将砧木苗茎从第2~3片真叶之间水平切断，去除切口以下所有叶片。用刀片在砧木断面中央垂直向下切出长0.8~1.2 cm的切口，见图3-2-3。

(3)接穗处理。

取接穗茄苗，保留3~4片真叶，在半木质化处，用刀削成双楔面，楔面长度0.8~1.2 cm，见图3-2-4。

图 3-2-3　砧木处理　　　　　图 3-2-4　接穗处理

(4)接合固定。

将接穗插入砧木的切口中,保证接穗与砧木茎的一侧形成层对齐后,用嫁接夹固定好,见图3-2-5。

图3-2-5　接合固定

5. 整理

保持操作台面环境清洁卫生,将所用工具放回原处,将嫁接苗放在指定位置摆放整齐,在标签上写上日期贴在穴盘一顶端边缘。

(二)黄瓜插接技术

1. 黄瓜嫁接苗的优势

黄瓜嫁接主要是为了防止枯萎病的发生,同时可增强植株抗性,提高产量和品质,以便提早上市。

2. 砧木与接穗选择

黄瓜嫁接一般在砧木长到子叶平展、第一片真叶半展至平展,接穗长到子叶半展至平展时进行,见图3-2-6。

图3-2-6　砧木与接穗

3. 插嫁接工具

竹签、不锈钢嫁接针(顶端单面斜切面长度5~6 mm)、嫁接夹(平口塑料嫁接夹)、酒精(75%),见图3-2-7。

图3-2-7　黄瓜插接嫁接工具

4. 黄瓜顶端插接

（1）工具消毒。

操作人员将手指，刀片、竹签等嫁接工具用75％的酒精棉球消毒。每嫁接新一盘苗前，均需重复以上消毒操作。

（2）砧木处理。

去除砧木第一片真叶叶片，保留叶柄。在苗茎顶端紧贴一片子叶，用嫁接针沿叶柄中脉基部向另一子叶的叶柄基部成30°~45°斜插，插孔长0.5~0.7 cm，嫁接针略穿透砧木苗表皮，嫁接针暂不拔出，见图3-2-8。

图3-2-8　砧木处理

（3）接穗处理。

取接穗苗，用刀片在与子叶着生方向垂直一侧、距子叶基部0.5~0.7 cm处，向下斜削一刀，把苗茎削成0.6~0.8 cm的平滑单楔面，切面平滑无污染，见图3-2-9。

图3-2-9　接穗处理

（4）接合固定。

拔出砧木上的嫁接针，迅速将切好的黄瓜接穗准确地插入砧木插孔内，切面向下，二者紧密结合，嫁接苗的四片子叶呈"十"字交叉，见图3-2-10。

图3-2-10　接合固定

5. 整理

将所用工具摆放回原处，嫁接苗放在指定位置摆放整齐，清理桌面。

（三）接后管理

（1）嫁接后 1~3 天完全遮光 25~30℃，夜间 18~20℃，湿度>90%。
（2）嫁接后 4~5 天散射光 25~30℃，夜间 18~20℃，少量通风。
（3）嫁接后 6~7 天遮强光 25~30℃，夜间 18~20℃，加大通风。

技能训练

茄子劈接嫁接操作评分细则见表 3-2-2。

表 3-2-2　茄子劈接嫁接操作评分细则

序号	考核内容	考核要点	得分标准	扣分及记录
1	工具消毒（15 分）	操作人员将手指、刀片等嫁接工具用 75% 的酒精棉球消毒。每嫁接新一盘苗前，均需重复以上消毒操作	每出现 1 处未消毒扣 2 分；本项分值扣完为止	
2	砧木处理（25 分）	用刀片将砧木苗茎从第 2~3 片真叶之间水平切断，去除切口以下所有叶片。用刀片在砧木断面中央垂直向下切出长 0.8~1.2 cm 的切口	不按要求操作，砧木切口过长或过短，1 株扣 2 分；本项分值扣完为止	
3	接穗处理（25 分）	取接穗茄苗，保留 3~4 片真叶，在半木质化处，用刀削成双楔面，楔面长度 0.8~1.2 cm	茄子楔面过长或过短，1 株扣 2 分；未削成双楔面 1 株扣 2 分；本项分值扣完为止	
4	接合固定（25 分）	将接穗插入砧木的切口中，保证接穗与砧木茎的一侧形成层对齐后，用嫁接夹固定好	接穗与砧木茎的两侧形成层均未对齐者扣 2 分；破坏 1 株接穗或砧木扣 2 分；本项分值扣完为止	
5	工位整理（10 分）	保持操作台面及工位环境清洁卫生，所用工具摆放回原处，嫁接苗放在指定位置摆放整齐，在标签上写上日期贴在穴盘一顶端边缘	未整理工位扣 2 分，嫁接苗盘内有散落生长点等杂物每盘扣 2 分，工具未归原位扣 3 分，未贴标签扣 2 分；本项分值扣完为止	
		合计		

黄瓜顶端插接操作评分细则见表 3-2-3。

表 3-2-3　黄瓜顶端插接操作评分细则

序号	考核内容	考核要点	得分标准	扣分及记录
1	工具消毒（15 分）	操作人员将手指、刀片、竹签等嫁接工具用 75% 的酒精棉球消毒。每嫁接新一盘苗前，均需重复以上消毒操作	每出现 1 处未消毒扣 2 分；本项分值扣完为止	
2	砧木处理（25 分）	去除砧木第 1 片真叶叶片，保留叶柄和生长点。将嫁接针斜插，插孔长 0.5~0.7 cm，嫁接针略穿透砧木苗表皮，嫁接针暂不拔出	不按要求去除砧木叶片，1 株扣 2 分；嫁接针未略插透砧木表皮者，1 株扣 2 分；本项分值扣完为止	

续表

序号	考核内容	考核要点	得分标准	扣分及记录
3	接穗处理（25分）	取接穗苗，用刀片在与子叶着生方向垂直一侧、距子叶基部0.5~0.7 cm处，向下斜削一刀，把苗茎削成0.6~0.8 cm的平滑单楔面，切面平滑无污染	接穗楔面过短或过长，1株扣2分；切口距子叶基部过长或过短，1株扣2分；本项分值扣完为止	
4	接合固定（25分）	拔出砧木上的嫁接针，迅速将切好的黄瓜接穗准确地插入砧木插孔内，嫁接苗的四片子叶呈"十"字交叉	接穗单切面向上插入砧木1处扣1分，嫁接苗四片子叶不呈"十"字，1株扣2分；破坏1株接穗或砧木扣2分；本项分值扣完为止	
5	工位整理（10分）	保持操作台面及工位环境清洁卫生，所用工具放回原处，嫁接苗放在指定位置摆放整齐，在标签上写上日期贴在穴盘一顶端边缘	未整理工位扣2分，嫁接苗盘内有散落生长点等杂物每盘扣2分，工具未归原位扣3分，未贴标签扣2分；本项分值扣完为止	
		合计		

项目四　红墨水法快速测定种子生活力(玉米)

训练目标

一、知识目标
1. 了解种子生活力的含义；
2. 了解测定种子生活力的意义；
3. 理解红墨水法测定种子生活力的原理。

二、能力目标
能用红墨水法快速测定种子(玉米)生活力。

三、素质目标
1. 树立安全生产、绿色生产意识；
2. 发扬精益求精、实事求是的精神；
3. 具有良好的职业道德，积极推进科技服务生产。

考纲要求

一、技能考点
1. 掌握特定浓度红墨水的配制方法；
2. 掌握随机取样的技巧；
3. 掌握样品浸泡处理方法；
4. 掌握种子处理的方法；
5. 掌握种子染色处理技巧；
6. 掌握种子生活力观察鉴定的方法。

二、职业素养
具备安全意识和精益求精的精神。

任务　红墨水法快速测定种子生活力（玉米）

基础知识

一、种子生活力的含义

种子生活力是指种子发芽的潜在能力或种胚具有的生命力，通常指一批种子中具有生命力（即活的）的种子数占种子总数的百分率。测定种子生活力的方法有四唑染色法（TTC法）、溴麝香草酚蓝法、甲烯蓝法、红墨水染色法、碘化钾显色法、软X射线造影法、荧光测定法等方法。红墨水染色法是一种简便、快速、准确、低成本的种子生活力测定方法，在生产上被广泛运用；四唑法是公认最有效且可靠的种子生活力测定方法，被正式列入国际种子检验规程和我国农作物种子检验规程。

种子发芽力是指种子在适宜条件下（实验室控制条件下）发芽并长成正常植株的能力，通常用发芽率表示，即供检样品中长成的正常幼苗数占样品总数的百分率表示。

发芽率高的种子一般生活力也高。但生活力高的种子发芽率不一定高，如处于休眠状态的种子即便条件适宜也不能正常发芽。

二、种子生活力测定的意义

1. 测定休眠种子的生活力

新收的或在低温贮藏条件下处于休眠状态的种子，采用标准发芽试验，即使供给适宜的发芽条件仍无法良好发芽或发芽率很低，因而不可能测出种子的最高发芽率，必须进一步测定其生活力，以了解种子的潜在发芽能力，以合理利用种子。发芽率低而生活力高的种子，播种前应采取适当措施以破除休眠。发芽率和生活力均低的种子，则不能作为播种材料。

2. 快速预测种子发芽能力

由于发芽试验所需的时间较长，如麦类需7~8天，水稻需14天，某些蔬菜和牧草种子需2~3周，在收获和播种间隔较短时进行发芽试验还会耽误农时，所以，在生产实践中，可用速测法测定种子生活力来作为发芽率的参考，林木种子还可用生活力来代替发芽率。

三、种子生活力测定的原理

红墨水染色法是用5%的红墨水染色来判断种子生活力，即将软化切分后的种子，用5%的红墨水染色一定时间后，取出冲洗至洗液无色，根据胚的染色情况来判断种子生活力。有生活力种子的胚，其活细胞原生质膜具有选择透性，能阻止红墨水中的酸性大红G染料渗入，使组织内部不被染色；无生活力种子的胚具有全透性，内部能被染成红色。所以，胚的主要部位未被染色的为有生活力种子，被染色的为无生活力种子。

实践操作

以红墨水染色法快速测定玉米种子生活力为例。

项目四 红墨水法快速测定种子生活力(玉米)

一、工具、材料和试剂准备

1. 工具准备

瓷盘(1个)或塑料垫板(1个)、单面刀片(2个)、培养皿(3个)、500 mL 洗瓶(1个)、5 mL 移液管(1支)或5 mL 量筒(1个)、100 mL 量筒(1个)、250 mL 烧杯(1个)、200 mL 细口试剂瓶(1个)、玻璃棒(1根)、镊子(1把)、手持放大镜(1个)、滤纸(5张)、废液缸(1个)、废料缸(1个)、原始记载表(1张)、草稿纸(1张),见图 4-1。

图 4-1 工具准备

2. 材料准备

取玉米净种子 200 粒以上,用 30℃ 温水浸泡 3~4 h(40℃ 温水浸泡 40~60 min),或用冷水浸泡(湿纸浸润)12 h。浸泡种子时,要注意温度和时间。浸泡时间过短,种子比较硬,不易切分;浸泡时间过长,种子易胀裂或质地松软,呈粥状,难以切分。将软化后的种子装入小烧杯等敞口容器,贴好标签,见图 4-2。

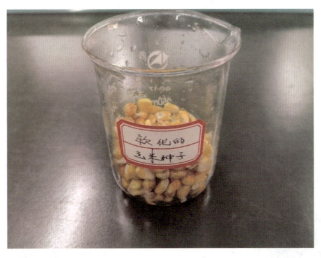

图 4-2 材料准备

3. 染液(5%的红墨水)准备

市售红墨水用蒸馏水稀释 20 倍即为 5% 的红墨水。

— 115 —

配制方法：按 1∶19 的体积比例，先用 5 mL 移液管或 5 mL 量筒量取一定体积的市售红墨水倒入烧杯中，再用 100 mL 量筒量取相应体积的蒸馏水倒入刚才装有红墨水的烧杯中，用玻璃棒搅拌均匀，即得 5% 的红墨水，将配好的红墨水转移到细口试剂瓶中，贴好标签，见图 4-3。

图 4-3 染液准备

二、种子选取和切分

将软化后的玉米种子充分混匀，用镊子随机数取 100 粒种子。取种前先用镊子将种子样品搅动混匀，再随机数取，不得挑选种子。将选取的玉米种子放在瓷盘或塑料垫板上，凹面朝上，一手用镊子夹住种子，另一手用单面刀片沿胚的中心纵切，选取胚的各部分比较完整的一半放入培养皿中，另一半放入废料缸。操作要认真细致，切位要正确，切口要平滑。选取和切分种子时要用镊子夹持，不得用手直接触碰种子。使用镊子和刀片时要小心谨慎、规范操作，避免发生伤害事故。按同样的方法重复 1 次，见图 4-4。

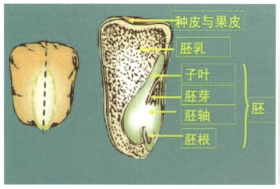

图 4-4 种子选取和切分

三、种子染色

在装有种子的 2 个培养皿中，沿培养皿壁缓缓加入 5% 的红墨水。加入的红墨水量以刚浸没种子为宜，静置染色 20 min。操作要规范、熟练，不能将红墨水洒在试验台和手上，见图 4-5。

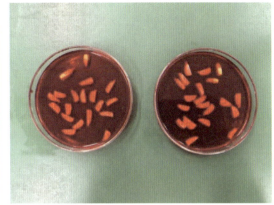

图 4-5　种子染色

四、种子冲洗

将培养皿中的红墨水倒入指定容器，用自来水冲洗染色后的种子直至洗液无色，一般冲洗 2~3 次即可，洗液倒入废液缸。操作中要小心，不能用手触碰种子，也不能将洗液洒在试验台、设备和手等部位，不能将种子掉出培养皿，见图 4-6。

图 4-6　种子冲洗

五、种子生活力观察

将种胚切面朝上，用肉眼或手持放大镜进行观察鉴定，判断种子生活力。胚不着色或着色浅、胚乳呈红色的为有生活力种子，胚与胚乳均被染成相同的深红色的为无生活力种子。将有生活力的种子和无生活力的种子分别整齐地摆放在培养皿中，并计数。进行生活力观察时要认真仔细，严格按标准进行判断，不得编造数据，见图 4-7。

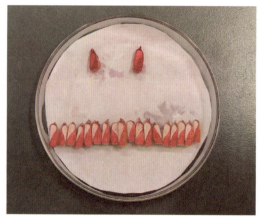

图 4-7 种子生活力观察

六、结果计算与报告填写

计算 2 个重复中有生活力种子数目，两个重复的最大容许差（两个重复中有生活力种子数目差与平均值之比）不得超过 5%。如超过 5%，应增加重复，直至达到要求。列出公式，计算平均生活力，结果保留近似的整数。用铅笔将结果填在原始记载表中，并填写实验报告单。原始记载表如表 4-1 所示。

表 4-1 玉米种子生活力测定原始记载表

重复	Ⅰ	Ⅱ	容许差
检测粒数			
有生活力种子粒数			
种子生活力/%			
平均生活力/%			

七、工位与场地整理

操作结束后，将玻璃容量清洗干净，种子和其他废弃物放到指定容器中，工具要放回原处，整理好桌面，保持场地整洁。

同步练习

基础知识练习

一、单项选择题

1. 种子的生活力是指（　　）。

A. 种子能够萌芽的能力，即萌芽种子数占供试种子数的百分率

B. 种子潜在的发芽能力，通常指一批种子中具有生命力的种子数占种子总数的百分率

C. 种子能够发芽的能力，即种子在适宜条件下发芽并长成正常植株的能力

D. 种子的发芽率,即供试样品中长成正常幼苗数占样品总数的百分率

2. 因简便、快速、准确和低成本,在生产中被广泛运用的种子生活力测定方法是( )。

A. 四唑法　　　　B. 溴麝香草酚蓝法　　　　C. 甲烯蓝法　　　　D. 红墨水染色法

3. 红墨水法测定种子生活力的原理是( )。

A. 活细胞的原生质膜具有选择透性,能阻止红墨水中的酸性大红 G 染料渗入

B. 胚的原生质膜能阻止红墨水中的酸性大红 G 染料渗入

C. 胚乳的原生质膜能阻止红墨水中的酸性大红 G 染料渗入

D. 胚和胚乳的原生质膜都不能阻止红墨水中的酸性大红 G 染料渗入

4. 需配制 5% 的红墨水,下列量取正确的是( )。

A. 5 mL 红墨水,100 mL 蒸馏水　　　　B. 4 mL 红墨水,76 mL 蒸馏水

C. 1 mL 红墨水,20 mL 自来水　　　　D. 2 mL 红墨水,38 mL 自来水

5. 关于玉米种子的软化处理,下列方法不正确的是( )。

A. 用 30℃ 温水浸泡 3~4 h　　　　B. 用 40℃ 温水浸泡 40~60 min

C. 用冷水浸泡或湿纸浸润 12 h　　　　D. 用冷水浸泡 2 d 以上

6. 测定种子生活力需要的最低重复数是( )。

A. 1 个　　　　B. 2 个　　　　C. 3 个　　　　D. 4 个

7. 用红墨水法测定种子生活力的试验中,活种子的表现为( )。

A. 胚红色,胚乳无色　　　　B. 胚红色,胚乳红色

C. 胚无色,胚乳红色　　　　D. 胚无色,胚乳无色

8. 某次玉米种子生活力测定的原始记载表如表 4-2 所示。

表 4-2　原始记载表

重复	Ⅰ	Ⅱ	容许差
检测粒数	100	100	③
有生活力种子粒	96	92	
种子生活力/%	①	②	
平均生活力/%	④		

计算表 4-1-2 中①②③④处的数据并按顺序填入表中,正确的一组数据是( )。

A. 0.960 0,0.920 0,0.042 5,0.940 0

B. 0.96,0.92,0.04,0.94

C. 96%,92%,4%,94%

D. 96,92,4.25%,94

9. 将配好的红墨水转移到( )中,贴好标签备用。

A. 试管　　　　B. 烧杯　　　　C. 量杯　　　　D. 细口试剂瓶

10. 计算种子平均生活力,结果保留近似的( )。

A. 1 位小数　　　　B. 2 位小数　　　　C. 3 位小数　　　　D. 整数

二、多项选择题

1. 使用红墨水染色法测定种子生活力的优点有( )。

A. 可测定休眠种子生活力

B. 能快速预测种子发芽能力

C. 简便、快速、准确、低成本，在生产上被广泛运用

D. 在生产实践中，红墨水染色法测定种子生活力可代替发芽力

2. 用红墨水染色法测定玉米种子生活力，下列操作正确的有( )。

A. 将软化后的种子混匀，用镊子选取100粒种子进行切分

B. 加入的红墨水量以刚浸没种子为宜

C. 染色时间为20 min

D. 用自来水冲洗染色后的种子直至洗液无色

3. 在种子生活力检测中，切分种子不正确的操作有( )。

A. 可以在瓷盘或塑料垫板上，也可直接在木质实验台上

B. 凹面朝上，沿胚的中心切分

C. 选取胚较完整的一半放入培养皿中进行染色

D. 另一半放入另一培养皿中染色作对照处理

三、判断题(判断下列描述的正误，描述正确的在括号内填A，错误的填B)

( )1. 用TTC染色和红墨水染色测定种子生活力时，结果鉴定标准是相同的。

( )2. 红墨水染色法是被公认最有效且可靠的种子生活力测定方法。

( )3. 种子的平均生活力要保留最近似的整数。

( )4. 测定种子生活力时，应选择粒大饱满的种子进行试验，为缩短种子的浸泡时间，可用60℃温水浸泡玉米种子。

( )5. 发芽率低的种子生活力一定也很低。

( )6. 观察鉴定时应将种胚切面朝上，将有生活力的种子和无生活力的种子分别整齐地摆放在培养皿中，计数。

( )7. 两个重复间的最大容许差即两个重复中有生活力的种子数目差与平均值之比不得超过5%。

( )8. 切分种子时，切位要正确，切口要平滑。

技能训练

在规定时间内，用红墨水法测定某批次玉米种子生活力，要求操作规范、结果准确。根据操作过程和结果，按表4-3进行评分。

表4-3 红墨水法快速测定玉米种子生活力评分表

评分项目	操作规范	扣分标准	得分
材料与试剂准备(10分)	种子选取和处理(5分)：随机取充分混匀的玉米净种子200粒以上，用30℃温水浸泡3~4 h或用40℃温水浸泡40~60 min，或者用冷水浸泡、湿纸浸润12 h，使种子充分软化	(1)种子选取不随机扣2分； (2)水温控制不当扣1分； (3)浸泡时间不当扣1分； (4)种子软化程度不够或者过于软化扣1分	
	5%的红墨水配制(5分)：使用适当量具量取蒸馏水和红墨水，用市售红墨水配制5%的红墨水100 mL	(1)未正确选用或量取蒸馏水扣1分； (2)量取红墨水时量具选用不正确或数量不正确扣1分； (3)未正确冲洗红墨水量取量具扣1分； (4)冲洗不干净扣1分； (5)红墨水浓度不足或者超过5%扣1分	

项目四　红墨水法快速测定种子生活力(玉米)

续表

评分项目	操作规范	扣分标准	得分
种子处理（50分）	取样(10分)：随机数取经过软化的玉米种子100粒放置于指定容器，重复1次	(1)有意挑选种子的扣2分； (2)用手触碰种子的扣2分； (3)种子数取错误扣2分； (4)未作重复的扣4分	
	种子切分(20分)：用单面刀片沿胚的中心纵切，选取胚比较完整的一半放入培养皿中，另一半放入指定容器中	(1)未在指定地点切分种子扣2分； (2)切分种子过程中用手直接触碰种子扣2分； (3)未沿胚的中心纵切扣2分/颗； (4)未选择胚较完整的一半进行染色扣4分； (5)造成器材损坏或者伤人伤己的扣10分	
	种子染色(10分)：沿培养皿壁缓缓加入5%的红墨水，直至红墨水刚浸没种子，静置染色20 min	(1)红墨水加入过多或未淹没种子扣2分； (2)染色时间不足扣2分； (3)将红墨水沾在手上或洒出培养皿扣4分； (4)用手直接触碰种子扣2分	
	种子处理(10分)：用自来水冲洗染色后的种子2~3次，直至洗液无色	(1)未冲洗种子扣2分； (2)冲洗不干净、培养皿中有较多染液残留扣2分； (3)种子掉出培养皿扣2分； (4)用手直接触碰种子扣2分； (5)冲洗时水分四溅，弄脏台面和个人衣物的扣2分	
生活力观察鉴定（20分）	判断种子生活力，胚不着色或着色浅、胚乳红色的为有生活力种子，胚与胚乳均被染成相同的深红色的为无生活力种子。将有无生活力的种子分别整齐地摆放在培养皿中，计数	(1)种子生活力判断错误，每错判1粒扣1分，本项分值扣完为止； (2)用手直接触碰种子扣2分； (3)未将有无生活力种子分别摆放扣2分； (4)种子摆放混乱的扣2分	
数据处理与结果计算（10分）	判断两重复的最大容许差是否超过5%，超过5%的增加重复，选择最大容许差不超过5%的两重复计算结果	(1)计算公式使用错误扣6分； (2)计算结果错误扣2分； (3)计算结果百分数未保留近似整数扣2分	
熟练程度及职业素养（10分）	操作规范，熟练。废弃物处理得当，场地整洁	(1)未在规定时间内完成任务扣4分； (2)桌面及场地未清理扣4分； (3)器材和工具未归回原位，摆放凌乱的扣2分	
合计			

考核评价

红墨水法快速测定玉米种子生活力考核评价表

考核项目	内容	分值	得分
技能操作（55分）（以小组为单位考核）	项目操作规范，计算快速准确	55	
学习成效（20分）	课堂作业	5	
	测定结果计算表	5	
	实习总结	5	
	小组总结	5	
思想素质（25分）	安全规范生产	5	
	纪律出勤	5	
	情感态度	5	
	团结协作	5	
	创新思维（主动发现问题、解决问题）	5	
合计		100	
评价人员签字	1. 任课教师： 2. 实习指导教师： 3. 专业带头人：		

备注：严禁损坏实训室财产，如有损毁需照价赔偿，并扣除个人和小组成绩20～40分；严格遵循实习实训操作规范和安全要求，如造成伤人伤己需扣除小组及个人成绩10～20分，并承担相应经济责任，情节严重的按相应处理办法进行违纪违法处理。

知识拓展

四唑染色法（TTC法）

四唑染色法是用TTC（2，3，5-三苯基氯化四氮唑）溶液进行种子胚染色，从而判断种子生活力的方法。TTC是一种白色或淡黄色粉末，有微毒，对光敏感。

四唑溶液的使用浓度为0.1%～1.0%（m/v），1.0%用于不切开胚的种子染色，0.1%～0.5%用于已经切开胚的种子染色。配制四唑溶液时需注意，如用蒸馏水配制出的溶液pH不在6.5～7.5范围内，应用磷酸缓冲液来配制，也可用氢氧化钠或碳酸氢钠稀溶液加以调节。四唑溶液通常为现配现用，配好的溶液应贮于棕色瓶且置于阴凉黑暗处，若溶液变红则不可再用。

使用四唑法测定种子生活力时，每次至少测定200粒种子，从经净度分析后并充分混合的净种子中，随机数取2～4个重复、每个重复100粒，或小于100粒的若干副重复，作为试验样品。

数取后的试验种子要先经过预措预湿处理。预措处理是在预湿前先除去种子的外部附属物（如剥去果壳、脱去水稻种子的内外稃）和在种子的非要害部位弄破种子。预湿有助于加快充分吸湿、软化种皮，便于样品准备，提高染色的均匀度。预湿有两种方法，一种是缓慢润湿，即将种子放在纸上或纸间吸湿，适用于直接浸在水中易破裂的种子(如豆科大粒种子)、许多陈种子和过分干燥的种子；另一种是水中浸渍，即将种子完全浸在水中，让其达到充分吸胀，适用于直接浸在水中不会造成组织破裂损伤的种子。不同种子的预湿方式和时间有差异，水稻、小麦、玉米种子通常采用30℃恒温浸种3~4 h或纸间润湿12 h。

将经过预措预湿处理的种子，沿胚的中心纵切，选取胚较完整的一半放入培养皿中染色，另一半舍弃放入废料缸。向培养皿中加入适量染色剂，并置于30~35℃恒温箱中0.5~1 h进行染色反应，至染色很明显后取出，倒掉染色并用清水冲洗。

有生活力的种子的胚细胞在进行呼吸作用，含有脱氢酶。进入种子胚的TTC能作为氢受体接受脱氢酶放出的氢离子($H+$)，被还原成红色、稳定、不扩散和不溶于水的三苯基甲䐶(三苯甲腙)胚呈红色；而无生活力的种子胚则无此反应，故不变色。

观察胚和盾片的着色情况，根据染色组织、部位、面积和染色深浅进行鉴定种子生活力。大中粒种子可直接用肉眼或手持放大镜观察鉴定，小粒种子最好用10~100倍体视显微镜进行观察鉴定。一般的鉴定原则是：凡胚的主要构造和有关活营养组织(如葱属、伞形科和茄科等种子的胚乳)全部染成有光泽的鲜红色或染色最大面积大于相关规定，且组织状态正常的为正常有生活力的种子，否则为无生活力的种子。水稻、小麦、玉米等禾谷类有生活力种子允许不染色、染色较弱或坏死的最大面积为：盾片上下任一端1/3不染色；胚根大部分不染色但不定根原始体必须染色。盾片中央有不染色组织，表示受到热损伤。

计算各个重复中有生活力的种子数，重复间最大容许差不得超过有关规定，平均百分率计算到最近似的整数。重复间的最大容许差距见表4-4。

表4-4 种子生活力测定重复间的最大容许差距

平均生活力百分率/%		重复间的最大容许差距		
1	2	4次重复	3次重复	2次重复
99	2	5	—	—
98	3	6	5	—
97	4	7	6	6
96	5	8	7	6
95	6	9	8	7
93~94	7~8	10	9	8
91~92	9~10	11	10	9
90	11	12	11	9
89	12	12	11	10
88	13	13	12	10
87	14	13	12	11
84~86	15~17	14	13	11
81~83	18~20	15	14	12
78~80	21~23	16	15	13
76~77	24~25	17	16	13
73~75	26~28	17	16	14

续表

平均生活力百分率/%		重复间的最大容许差距		
71~72	29~30	18	16	14
69~70	31~32	18	17	14
67~68	33~34	18	17	15
64~66	35~37	19	17	15
56~63	38~45	19	18	15
55	46	20	18	15
51~54	47~50	20	18	16

项目五 测定作物种子的千粒重（小麦）

训练目标

一、知识目标
1. 了解种子千粒重的含义与测定意义；
2. 掌握测定种子千粒重的主要方法。

二、能力目标
能用千粒法测定种子千粒重。

三、素质目标
1. 树立遵守规范和安全生产的意识；
2. 培养学生精益求精、实事求是的精神；
3. 树立理论联系实际、技术服务生产的意识。

考纲要求

一、技能考点
1. 掌握四分法、钟鼎式、横隔式等随机取样方法和技巧；
2. 掌握随机数取种子数和设置重复数的方法；
3. 掌握电子天平称量方法和正确的读数方法；
4. 掌握试样千粒重的计算方法。

二、职业素养
具备安全意识和精益求精的精神。

任务　测定作物种子的千粒重（小麦）

基础知识

一、种子千粒重的含义

种子千粒重是指种子质量标准规定水分的1 000粒种子的质量，以克为单位。

千粒重测定的原则是从充分混合的净种子中随机数取一定数量的种子，称其质量。由于不同种子批在不同地区和不同季节，其水分差异较大，为了便于比较不同水分下的种子千粒重，故要将实测水分的千粒重换算成规定水分条件下的千粒重。

二、测定种子千粒重的意义

种子千粒重对农业生产具有重要意义，主要包括以下三点。

(1)种子千粒重是种子活力的重要指标之一。千粒重大，表明种子饱满程度好，其内部的贮藏物质多，播种后出苗整齐，幼苗生长健壮。

(2)种子千粒重是作物产量构成的要素之一。通过千粒重测定，可以预测作物产量。

(3)千粒重是正确计算种子播种量的必要依据。根据种子千粒重，可做到精量播种，节约用种。

三、测定种子千粒重的主要方法

我国《农作物种子检验规程》中列入了百粒法、千粒法和全量法三种测定方法。

1. 百粒法

从净度分析后充分混合的净种子中，随机数取8个重复，每个重复数取种子100粒，分别称重(g)，小数点位数按GB/T3543.3—1995要求处理(见表5-1)。计算8个重复的平均质量、标准差及变异系数。如变异系数未超过限度，则可计算测定的结果。如变异系数超过限度，需再测定8个重复，并计算16个重复的标准差，凡与平均数之差超过2倍标准差的重复略去不计。将8个或8个以上重复的平均质量乘10即为实测千粒重。将实测千粒重和实测水分，折算成规定水分的千粒重，其保留的小数位数与测定所保留的小数位数相同。该方法适用于大多数林木种子。

表 5-1　称重与小数点位数

试样或半试样及其组分质量/g	称重至下列小数位数
1.000 0 以下	4
1.000~9.999	3
10.00~99.99	2
100.0~999.9	1
1 000 或 1 000 以上	0

2. 千粒法

从经过净度分析后充分混合的净种子中，随机数取2个重复，每个重复为大粒种数500粒、中小粒种子数1 000粒。将两个重复分别称重，两重复的质量差与平均值之比不能超过5%，如果超过，需再分析第三份重复，直至达到要求。中小粒种子1 000粒测定的，取差距小的两份重复的质量平均值即为实测千粒重；大粒种子500粒测定的，取差距小的两份重复的质量平均值乘2即为实测千粒重。将实测千粒重和实测水分，折算成规定水分的千粒重，其保留的小数位数与测定时所保留的小数位数相同。

3. 全量法

数取净度分析后的全部净种子的种子总粒数，称其质量。根据试样质量和粒数换算种子的实测千粒重，再将实测千粒重换算成规定水分的千粒重，其保留的小数位数与测定时所保留的小数位数相同。该方法适用于纯净种子粒数小于1 000粒的样本。

实践操作

本实践操作以千粒法测定小麦种子千粒重为例。

一、试样与工具准备

送验样品：小麦净种子1 000 g，用种子袋装好。

工具：瓷盘1个，分样板2把，电子天平(感量0.01 g)1台，钟鼎式分样器1台，横隔式分样器1台，培养皿3个，镊子1把，小刷子1把，称量纸2张，A3纸1张，A4纸2张，原始记载表1份，3H铅笔1支，计算器1个。

二、样品混合与分取

用人工四分法或机械分样器法，将送验样品的种子混合均匀，并从中分取出一定质量的试验样品(小麦不少于120 g)。

(一)四分法

在实验台上放三张白纸，中间为A3纸，两侧为A4纸。将供试的净种子样品倒在A3纸上，用分样板摊平成四方形，从左右两边铲起样品约10 cm高，对准中心点同时倒落，保持中心点不变，再换一个方向同样操作，反复4~5次，将样品混合均匀，见图5-1。

图5-1 四分法混合样品

将混匀的样品摊成厚薄均匀的正方形，用分样板划两条对角线，分成4个三角形。用两把分样板在试样的一侧，沿两条对角线方向延伸交汇于中心点，夹紧分样板向外拖动，把1个三角形内的种子拖到一侧的A4纸上，用同样的方法把另一个对顶三角形内的种子拖到另一侧的A4纸上，将上述两份种子放到指定容器，留在 A3 纸上的即为第一次分样后的样品。重复上述操作，直至所取种子量达到要求，见图 5-2。如未提供 A3 和 A4 纸，可在干净平整的实验台或瓷盘等指定地点，用分样板配合小刷子，进行样品混合和四分法分样。

图 5-2　四分法分样

（二）机械分样器法

常用的机械分样器法有钟鼎式分样器法和横隔式分样器法。

1. 钟鼎式分样器法

钟鼎式分样器又名锥形分样器，适用于颗粒种子样品的混合与分样，准确度较高，见图 5-3。

将分样器和盛接器刷干净，分样器要放在坚固的水平表面，与地面垂直。关闭分样器开关，将样品从高于漏斗口约 5 cm 处倒入漏斗内并刮平；快速拨开开关，使样品迅速下落，经圆锥体分散落入各格内，最后落入盛接器，将种子分成两份。用手轻拍分样器，使样品全部落入盛接器。将两个盛接器中的样品同时倒入漏斗，重复混合 2~3 次。将混匀的两个盛接器中的样品，任选一个倒入指定容器中。另一个按上述方法进行对分递减，直至保留的部分达到规定质量。

图 5-3　钟鼎式分样器

2. 横隔式分样器法

横隔式分样器构造简单，可用于各类种子的混合与分样，使用灵活，方便准确，见图5-4。

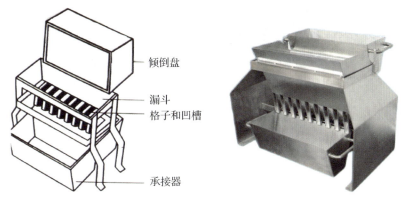

图 5-4　横隔式分样器

　　将分样器、承接器和倾倒盘（两者结构一致，可交换使用）清理干净，然后将分样器放在坚固的水平表面，两只承接器分别放置于两个出料口下，调节承接器位置以确保下料口在承接器的中心，以免分样时种子溅出。将种样倒入倾倒盘并摊平，翻转倾倒盘，将样品从高于分样器约 5 cm 处均匀倒入，使种子匀速落入漏斗，再经格子分两路落入承接器，将样品一分为二。用手轻轻拍打分样器，使样品全部流入承接器。将两个承接器内的种子混合倒入倾倒盘内，重复操作 2~3 次。

　　任选一个承接器，将其中的种子摊平，进行第一次分样，另一个承接器内的种子倒入指定容器。重复上述操作，直至达到规定质量。

三、种子数取

　　将分样后的试验样品混匀并摊成四方形，用镊子从不同方位随机数取共 1 000 粒种子作为一个重复，共 2 个重复，见图5-5。操作要规范、熟练，要注意取种的随机性，不能挑选种子，不能用手接触种子。

图 5-5　种子数取

四、称重

　　选择感量为 0.01 g 的电子天平作为称量工具，将天平放在平稳的桌面上。调节水平调节脚，直至水平泡在水平仪的中央位置，见图5-6。水平调节结束后，不得随意移动天平，如需移动天平，则要在移动后重新调节水平。

图5-6 天平水平调节

接通电源，按"ON（开机）/OFF（关机）"键，天平开始预热与自检，当天平稳定显示"0.00"后，即可使用，见图5-7。

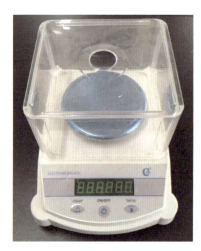 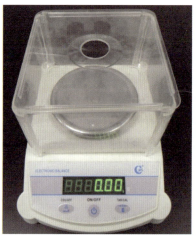

图5-7 天平开机与自检

在天平的称量盘上放一张称量纸，将培养皿放在称量纸上，以防止称量盘被污染腐蚀。如天平内部及称量盘上有灰尘或杂物，应用软毛刷轻扫清除干净。关闭天平侧门，按"TARE（去皮）"键，显示（0.00）时则去皮成功，见图5-8。

 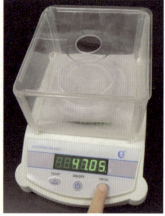 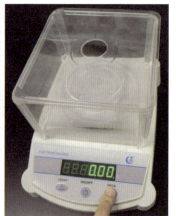

图5-8 天平去皮

将数取的两次重复的种样分别放入培养皿,分别称重,见图 5-9。种样从侧门放入,置于天平称量盘中心;称量时要关闭侧门,防止气流影响读数。

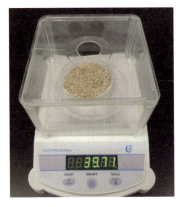

图 5-9　称重

待数字显示稳定后读数并记录,以克(g)为单位,精确到 0.01 g。称量时要轻拿轻放,不能将种子掉在天平内部或称量盘上。

五、计算

两个重复的最大容许差距(质量差与平均数之比)不能超过 5%,如果超过 5%,则需再分析第三份重复,直至达到要求。取差距小的两份重复计算其质量平均数即得实测千粒重,用铅笔将测定结果填入原始记载表中,结果保留的小数位数与测定时所保留的小数位数相同。原始记载表如表 5-2 所示。

表 5-2　种子千粒重测定原始记载表

重复	Ⅰ	Ⅱ	
质量/g			
重复间差距/%			
结果计算			

六、场地整理

电子天平使用结束后,要用软毛刷将天平内部及称量盘清扫干净,关闭各玻璃门,关掉电源,并罩上防尘罩。电子天平要水平放置在平稳安全、安静少风的环境,远离风扇、空调,避免阳光直射。

操作结束后,将工具归位,并保持场地整洁。

同步练习

基础知识练习

一、单项选择题

1. 测定种子千粒重的意义不包括(　　)。

A. 种子千粒重是种子活力的重要指标之一　　B. 种子千粒重是作物产量构成的要素之一

C. 千粒重是正确计算种子播种量的必要依据　　D. 千粒重是种子质量的唯一指标

2. 根据 GB/T3543.3—1995，试样或半试样及其组分重量介于 10.00～99.99 g 时，应保留的小数点位数是(　　)位。

A. 1　　　　　　　B. 2　　　　　　　C. 3　　　　　　　D. 4

3. 下列种子进行千粒重测定时，应采用百粒法测定的是(　　)。

A. 大多数林木种子　　　　　　　B. 小粒种子

C. 大小不均匀的种子　　　　　　D. 粒数小于 1 000 粒的纯净种子

4. 用千粒法测定小麦种子千粒重时，其重复数不得少于(　　)。

A. 1 个　　　　　　B. 2 个　　　　　　C. 3 个　　　　　　D. 4 个

5. 测定小麦种子千粒重时，应选择的电子天平的感量为(　　)。

A. 0.1 g　　　　　B. 0.01 g　　　　　C. 0.001 g　　　　D. 0.000 1 g

6. 用钟鼎式分样器法分样种子时，要将种子从高于漏斗口约(　　) cm 处倒入漏斗内并刮平。

A. 1　　　　　　　B. 5　　　　　　　C. 8　　　　　　　D. 10

7. 如天平内部及称量盘上有灰尘或杂物，应用(　　)轻扫清除干净。

A. 衣服　　　　　　B. 手　　　　　　　C. 湿纸巾　　　　　D. 软毛刷

8. 种子千粒重是指种子质量标准规定水分的 1 000 粒种子的重量，以(　　)为单位。

A. 毫克　　　　　　B. 克　　　　　　　C. 两　　　　　　　D. 千克

9. 下列关于小麦种子千粒重测定的数据记载与处理，不正确的是(　　)。

A. 两个重复的最大容许差距不能超过 10%，否则需增加重复直至达到要求

B. 取差距符合要求的两份重复的平均重量即为实测千粒重

C. 平均值保留的小数位数与两个重复的小数位数相同

D. 数据记载要用铅笔

10. 下列关于钟鼎式分样器法的说法，不正确的是(　　)。

A. 分样器要放在比较坚固的水平表面并与地面垂直

B. 种样要紧贴漏斗口倒入，并用手轻拍分样器使种样全部落入盛接器

C. 将两个盛接器中的种样同时倒入漏斗，重复 2～3 次后即可分样

D. 任选一个盛接器中的种样进行对分分样，直至达到规定重量

二、多项选择题

1. 我国《农作物种子检验规程》中列入的千粒重测定方法包括(　　)。

A. 十粒法　　　　　B. 百粒法　　　　　C. 千粒法　　　　　D. 全量法

2. 下列关于百粒法的说法，正确的有(　　)。

A. 须从经过净度分析后充分混合的净种子中数取种子

B. 随机数取 8 个重复、每个重复 100 粒种子，如变异系数超过限度，需再测定 8 个重复

C. 将 8 个或 8 个以上重复的平均重量乘 10 即为实测千粒重

D. 适用于任何种子

3. 下列关于种子四分法分样的说法，正确的有(　　)。

A. 将混匀后的种样摊成厚薄均匀的正方形

B. 用分样板在正方形种样上划两条对角线，将其分成 4 个三角形

C. 保留任意 1 个三角形内的种样，舍弃另外 3 个三角形内的种样

D. 重复操作，直至所取种子重量达到要求

三、判断题(判断下列描述的正误,描述正确的在括号内填 A,错误的填 B)

( )1. 千粒法适用于大粒种子及大小不均匀的种子。
( )2. 千粒重测定样品混合与分取的方法有四分法或机械分样器法。
( )3. 常用的机械分样器法有钟鼎式分样器法和横隔式分样器法。
( )4. 钟鼎式分样器法适用于颗粒种子样品的混合与分样。
( )5. 横隔式分样器法可用来对分各类种子。
( )6. 调节电子天平的水平调节脚,当水平泡不动时表明天平已调平。
( )7. 电子天平的水平调节结束后,如需移动电子天平,移动后可以不再调节水平。
( )8. 电子天平称量时要关闭天平侧门,防止气流影响读数。

技能训练

在规定时间内,用四分法测定小麦种子千粒重(供试小麦净种子 1 000 g),要求操作熟练规范、结果准确。根据操作过程和结果,按表5-3进行评分。

表5-3 用四分法测定小麦种子千粒重评分表

项目	分值	评分细则	扣分记录
取样	20	(1)将供试种样混合均匀,并用四分法分取千粒重的试验样品,要求操作规范、熟练; (2)分样前未对种子充分混合的扣2分;分样时种子未摊成正方形扣2分;分样时种子摊得厚薄不匀扣2分;分样时未分成均匀四等分扣2分;未按对角留样扣4分;四分法分样次数不够扣2分;将种子掉在地上或操作区外扣2分;操作不熟练扣2分;手接触种子扣2分	
计数	30	(1)随机数取2个种子重复,每个重复1 000粒,数取熟练、规范、计数准确,符合要求; (2)数样时种子未摊成四方形扣2分;数取种子时未随机数取,1次扣1分;计数不准,每相差1粒种子扣1分;用手触碰种子1次扣1分;操作不熟练扣2分	
称量	20	(1)天平称重操作规范、熟练,读数准确; (2)天平放置位置不正确(有掉落风险或妨碍其他操作)扣2分;天平未调节水平扣2分;随意移动天平扣2分;预热未结束直接使用天平扣2分;未在称量盘上放称量纸而直接将培养皿放在天平上称量扣2分;未关闭天平侧门进行称量扣2分;称量前未按"TARE(去皮)"键去皮扣2分;称样样品掉出容器扣2分;操作不熟练扣2分;未正确记录称量结果扣2分	
计算	20	(1)计算正确,两重复的最大容许差距(重量差与平均数之比)不超过5%,写出计算公式且结果准确,保留小数位数正确; (2)计算结果不准确扣4分;两重复的最大容许差距(重量差与平均数之比)不超过5%扣4分;无计算公式扣4分;保留小数位数不正确扣4分;修改数据扣4分	
熟练程度及职业素养	10	(1)操作文明、安全,场地整洁; (2)未在规定时间内完成任务扣4分,损坏用具扣4分,未进行场地清理、桌面摆放凌乱扣2分	
合计			

考核评价

测定小麦种子千粒重考核评价表

考核项目	内容	分值	得分
技能操作(65分)（以小组为单位考核）	项目操作规范和计算快速准确	65	
学习成效(20分)	课堂作业	5	
	测定结果计算表	5	
	实习总结	5	
	小组总结	5	
思想素质(15分)	安全规范生产	5	
	纪律出勤	3	
	情感态度	2	
	团结协作	2	
	创新思维（主动发现问题、解决问题）	3	
合计		100	
评价人员签字	1. 任课教师： 2. 实习指导教师： 3. 专业带头人：		

备注：严禁损坏实训室财产，如有损毁需照价赔偿，并扣除个人和小组成绩20~40分；严格遵循实习实训操作规范和安全要求，如造成伤人伤己需扣除小组及个人成绩10~20分，并承担相应经济责任，情节严重的按相应处理办法进行违纪违法处理。

项目六　畜禽品种识别

训练目标

一、知识目标
1. 了解鸡、猪、牛常见品种的主要特征；
2. 理解鸡、猪、牛不同品种的生产性能；
3. 掌握鸡、猪、牛常见品种的识别方法。

二、能力目标
1. 能够运用畜禽品种识别的基本方法准确识别和区分常见的鸡、猪、牛品种；
2. 会准确描述常见畜禽品种的主要特征，包括产地分布、外形特征、主要用途及生产性能。

三、素质目标
1. 具备耐心与细致观察、推理、分析和判断的能力，以及良好的团队合作素养；
2. 具有关注动物福利、保护种质资源和提高绿色生产的意识，并能在实际生产中贯彻。

考纲要求

一、技能考点
1. 掌握北京油鸡、丝羽乌骨鸡、固始鸡、旧院黑鸡、茶花鸡、藏鸡、文昌鸡、仙居鸡、来航鸡、艾维茵肉鸡等常见品种的正确识别方法并了解其主要特征；
2. 掌握荣昌猪、二花脸猪、成华猪、藏猪、内江猪、杜洛克猪、长白猪、大白猪、汉普夏猪、皮特兰猪等常见品种的正确识别方法并了解其主要特征；
3. 掌握秦川牛、鲁西牛、蜀宣花牛、荷斯坦牛、西门塔尔牛等常见品种的正确识别方法并了解其主要特征。

二、职业素养
了解种质资源保护的目的与意义。

任务1 鸡的品种识别

基础知识

一、鸡的品种分类

鸡的品种很多，为便于研究各品种的性能与特点，可从不同的角度将鸡的品种划分为不同的类型，主要有以下几种划分方法。

（一）传统的品种分类法

根据鸡品种的经济用途，可分为蛋用型、肉用型、兼用型及专用型。

（二）现代养鸡品种分类法

现代养鸡生产中，主要按经济性能和生产方向分类，大体分为蛋鸡系和肉鸡系两类，并对配套合成系冠以商品名出售。

（三）按形成过程和特点分类法

将鸡分为标准品种、地方品种和现代鸡种三类。

（四）标准品种分类法

标准品种分类法将鸡分为类、型、品种、品变种和品系，这是国际公认的分类方法。

二、鸡的品种

（一）北京油鸡

北京油鸡又名中华宫廷黄鸡，属肉蛋兼用型鸡种，是经过长期选择和培育形成的外貌独特、肉蛋品质兼优的地方优良品种。

1. 产地及分布

北京油鸡主要繁衍于明清两代京都（即现在的北京地区），其历史已有300余年。早期主要分布在京城近郊，以朝阳区的大屯和洼里两个乡最为集中，海淀区玉泉山一带也有饲养。20世纪70年代中期，北京油鸡纯种鸡濒临绝种，于是，北京市农科院畜牧兽医研究所从民间搜集油鸡的种鸡，进行了繁殖、提纯、生产性能测定和推广等工作，在大兴榆垡种鸡场承担该品种的保种工作。

2. 外形特征

北京油鸡外形独特，体躯中等，羽色美观，分为黄色油鸡和红褐色油鸡两种类型。黄色油鸡羽毛浅黄色，单冠，冠多褶皱呈S形，冠叶小而薄，脚爪有羽毛，当地人称为"三羽"（凤头、毛腿和胡子嘴），具有羽黄、喙黄、胫黄的"三黄"特征。红褐色油鸡体型较小，黄色者体型较大，均具备五趾特征，见图6-1-1和图6-1-2。

图 6-1-1　北京油鸡(黄色)　　　　　图 6-1-2　北京油鸡(红褐色)

3. 生产性能

北京油鸡通体皮肤微黄，羽毛紧凑丰满，肌间脂肪分布良好，肉质细腻，肉味鲜美。尤其适合山区散养。雏鸡出生时重 37 g；种鸡笼养公、母鸡 8 周龄重分别为 600~700 g、580~660 g；16 周龄重分别为 1 250~1 350 g、970~1 170 g。商品鸡 90 日龄公、母鸡平均体重为 1 310~1 530 g、930~1 190 g，料重比为 2.90~3.30∶1；120 日龄公、母鸡平均体重为 1 620~1 990 g、1 240~1 460 g，肉重比 3.3~3.7∶1。在笼养条件下，开产日龄一般为 145 d~161 d，29 周龄~30 周龄达到产蛋高峰期，高峰产蛋率维持在 70%~73%，43 周龄入舍母鸡产蛋数为 58~69 枚，66 周龄入舍母鸡产蛋数为 107~115 枚，平均蛋重 52~56 g。

(二) 丝羽乌骨鸡

丝羽乌骨鸡又名泰和乌鸡，在国际标准中被列为观赏型品种。因其药用价值高，又被称为药用鸡。

1. 产地及分布

原产地和中心产区为江西省泰和县和福建省泉州市、厦门市和闽南沿海等县。现已分布到全国各地及世界许多国家。

2. 外形特征

其体型特征为头小、颈短、脚矮、结构细致紧凑、体态小巧轻盈。其外貌具有"丛(紫)冠、缨头、绿耳、丝毛、胡须、五爪、毛脚、乌皮、乌肉、乌骨"十大特征，也称"十全"，见图 6-1-3 和图 6-1-4。

图 6-1-3　丝羽乌骨鸡(1)

图 6-1-4　丝羽乌骨鸡(2)
(a)丝羽乌骨公鸡；(b)丝羽乌骨母鸡

丛(紫)冠：丝羽乌骨鸡的鸡冠属玫瑰冠类型，状似桑葚，又称丛冠。公鸡的鸡冠比母鸡更为发达。这一特征不仅增添了丝羽乌骨鸡的观赏性，也是识别其性别的重要标志。

缨头：头顶长有一丛缨状冠羽，母鸡的冠羽较为发达，状如绒球，又被形象地称为"凤头"。这种独特的头部装饰使得丝羽乌骨鸡在众多鸡种中脱颖而出，极具辨识度。

绿耳：耳叶在性成熟前呈暗紫色，并带有明显的蓝绿色彩，但在成年后此色素逐渐消失，恢复为暗紫色。这一特征在幼年时期尤为显著，为丝羽乌骨鸡增添了几分神秘色彩。

丝毛：又称丝羽。除翼羽和尾羽外，全身羽片因羽小枝没有羽钩而分裂成丝绒状，触感柔软细腻。其翼羽通常较短，羽片的末端常有不完全的分裂，尾羽和公鸡的镰羽则相对不发达。这种独特的羽毛结构使得丝羽乌骨鸡看起来更加高贵典雅。

胡须：下颚和两颊长有较细长的丝羽，宛如胡须，尤其是母鸡的胡须更为发达。这一特征不仅增强了其观赏价值，也进一步区分了丝羽乌骨鸡与其他鸡种。

五爪：又称五趾。通常丝羽乌骨鸡的脚由第一趾向第二趾的一侧多生一趾，也有个别为六趾。但无论几趾，其第一趾连同分生的多趾均不着地，这一特征在鸡类中较为罕见。

毛脚：胫部和第四趾着生有胫羽和趾羽，使其脚部看起来毛茸茸的，被叫作毛脚。这种特征在观赏型鸡种中尤为少见，使丝羽乌骨鸡增加了可爱程度，更加引人注目。

乌皮：丝羽乌骨鸡的全身皮肤以及眼、脸、喙、胫、趾均呈乌色，这是其最为显著的特征之一，乌鸡的黑色素主要由酪氨酸在色素细胞里通过多种生物酶的作用形成。

乌肉：全身肌肉略带乌色，内脏膜及腹脂膜也均呈乌色。这种独特的肉质不仅使得丝羽乌骨鸡在外观上更加独特，还赋予了其更高的营养价值。

乌骨：骨质暗乌，骨膜深黑色，这是其最为独特的生理特征之一。这一特征不仅增加了其药用价值，还使丝羽乌骨鸡在中医食疗领域具有重要地位。

3. 生产性能

初生体重公鸡为 27~32 g、母鸡为 26.6~31 g，成年体重公鸡为 1 810 g、母鸡为 1 660 g。开产日龄 170~205 d，年产蛋量 120~150 枚，平均蛋重为 37.56~46.85 g，蛋形指数 1.34~1.36。屠宰测定：成年公鸡半净膛为 88.35%，母鸡 84.18%，全净膛公鸡为 75.86%，母鸡为 69.5%。

（三）固始鸡

固始鸡是肉蛋兼用型品种。

1. 产地及分布

原产于河南省固始县。固始鸡是中国国家地理标志产品、中国著名的地方优良鸡种，也是国家重点保护畜禽品种之一。

2. 外形特征

固始鸡体型中等，体躯呈三角形，外观秀丽，体型细致紧凑，结构匀称，羽毛丰满，尾型独特。冠有单冠和复冠两大类。母鸡毛色有黄、麻、黑等不同色，公鸡毛色多为深红色或黄红色，尾羽多为黑色，尾形有佛手尾、直尾两种，以佛手尾为主(体小多属直尾型，体大属佛手尾)。鸡嘴呈青色或青黄色，腿、脚青色(青腿、青脚、青喙)，无脚毛。固始鸡性情活泼，敏捷善动，觅食能力强，见图6-1-5~图6-1-8。

图 6-1-5　固始鸡(1)

图 6-1-6　固始鸡(2)

图 6-1-7　固始鸡(3)

图 6-1-8　固始鸡(4)

3. 生产性能

固始鸡具有快速生长、饲料转化率高、成活率高、屠宰性能好、适应性和抗病力强等特点。初生重32.8 g，成年体重公鸡为2 470 g，母鸡为1 780 g。开产日龄205 d，年平均产蛋量142枚，平均蛋重为51.4 g，蛋壳褐色，壳厚0.35 mm，蛋形指数1.32。屠宰测定：6月龄公鸡半净膛为82%，全净膛为74%；临开产母鸡半净膛为80%，全净膛为71%。

(四)旧院黑鸡

旧院黑鸡是肉蛋兼用型品种，是四川省万源市特有的地方品种。

1. 产地及分布

原产于四川万源，分布在四川万源市旧院、大竹、官渡等地。1982年被列为四川省优良品种，1983年被列为全国地方优良品种。旧院黑鸡被中科院命名为"世界稀有，中国独有，万源特有"，有生命之源绿色食品之美称。

2. 外形特征

旧院黑鸡个体较大，体型呈长方形，皮肤有白色和乌色两种。公鸡体型高大，豆冠的公鸡体型颇似斗鸡，昂首挺胸、好斗，羽毛多数为黑红色，其梳羽、蓑羽和镰羽呈黑色，红色镶边，富有光泽；少数为全黑色，约占20%。母鸡羽毛黑色带翠绿色光泽，少数母鸡颈羽为红色镶边的黑羽。脸部皮肤红色或紫色，喙角黑色，虹彩为橘红色；冠有单冠和豆冠两种。耳叶呈红色或紫色，胫呈黑色，无胫羽，见图6-1-9~图6-1-12。

图6-1-9　旧院黑鸡(1)

图6-1-10　旧院黑鸡(2)

图6-1-11　旧院黑鸡(3)

图6-1-12　旧院黑鸡(4)

3. 生产性能

成年体重公鸡为2.62 kg，大的可达4.4 kg；母鸡为1.76 kg，大的可达3.1 kg。年产蛋量100枚左右，平均蛋重为54.6~61.3 g，蛋壳为浅褐色，其中有5%左右为绿色，蛋形指数1.37。屠宰测定：成年公鸡全净膛为79%左右，母鸡为67%左右。

（五）茶花鸡

茶花鸡别名原鸡、红原鸡，属肉蛋兼用型品种，是一个经过长期驯化和选育的热带珍稀小型原始鸡种，因公鸡啼声类似"茶花两朵"而得名。茶花鸡被列为中国国家二级保护动物，《世界自然保护联盟濒危物种红色名录》无危物种。

1. 产地及分布

茶花鸡的原产地为云南省德宏、西双版纳、红河、文山四个自治州和临沧。

2. 外形特征

茶花鸡羽毛紧凑，体躯匀称，近似船形，性情活泼、机灵、好斗，能飞善跑。头小而清秀，多为平头，少数凤头。多为单冠，少数豆冠。喙黑色，少数黑中带黄色。虹彩黄色居多，也有褐色和灰色。耳叶、肉髯红色。皮肤白色者多，少数为浅黄色。胫、趾黑色，少数黑中带黄色。公鸡羽毛除翼羽、主尾羽、镰羽为黑色或黑色镶边外，其余全身红色，颈羽、鞍羽有鲜艳光泽，尾羽发达。母鸡除翼羽、尾羽多数是黑色外，全身呈麻褐色，见图6-1-13～图6-1-15。

图 6-1-13　茶花鸡（1）

图 6-1-14　茶花鸡（2）

（a）　　　　　　　　（b）

图 6-1-15　茶花鸡

（a）茶花鸡公鸡；（b）茶花鸡母鸡

3. 性能

初生体重为23 g，成年体重公鸡为1 070～1 470 g，母鸡为1 000～1 130 g。年产蛋70枚左右，个别可达130枚。蛋壳深褐色，平均蛋重为38.2 g，蛋形指数1.35。蛋黄大、蛋壳较厚重。屠宰测定：半净膛公鸡为75.6%，母鸡为75.6%；全净膛公鸡为70.4%，母鸡为70.1%。

（六）藏鸡

藏鸡是肉蛋兼用型品种，是高海拔地区的地方品种。

1. 产地及分布

藏鸡是分布于我国青藏高原海拔2 200～4 100 m的半农半牧区、雅鲁藏布江中游流域河谷区和藏东三江中游高山峡谷区数量最多、范围最广的高原地方鸡种。藏鸡以觅食能力强、极耐粗放、体小肉多、肉质细嫩鲜美而著称，是高海拔地区养禽业中的当家品种。

2. 外形特征

藏鸡体型呈U字形，小巧匀称、紧凑，行动敏捷，性情活泼，富于神经质；头昂尾翘，翼羽和尾羽特别发达，善飞翔。母鸡羽色复杂，主要有黄麻、黑麻、褐麻等杂色，少数白色，纯黑较少。公鸡羽毛颜色鲜艳，羽毛色泽较一致；其主、副翼羽，主尾羽和大镰羽均为黑绿色，梳羽、蓑羽均为红色或为金黄色镶边黑羽。鸡体其他部位黑色羽多者，称为黑红公鸡；红色羽多者，称为大红公鸡，见图6-1-16和图6-1-17。

图6-1-16 藏鸡(1)

图6-1-17 藏鸡(2)

(a)藏鸡公鸡；(b)藏鸡母鸡

3. 生产性能

初生体重为28.1~30.8 g，成年体重公鸡为1 145 g，母鸡为860.2 g。开产期240 d，年产蛋40~100枚，平均蛋重为33.92 g，蛋形指数1.26。屠宰测定：成年公鸡半净膛为79.89%~84.87%，母鸡为71.43%~77.97%；全净膛公鸡为72.17%~78.91%，母鸡为68.25%~70.34%。

(七)文昌鸡

文昌鸡又称海南文昌鸡，是肉用型地方鸡种。

1. 产地及分布

中心产区为文昌市的潭牛镇、锦山镇、文城镇和宝芳镇，在海南省各地均有分布，在海南素有"没有文昌鸡不成席"之说，是中国最佳肉用型鸡种之一。文昌鸡是中国国家地理标志产品，海南省地方优良肉鸡品种，具有皮薄嫩滑、肉味馥香的特点。

2. 外形特征

文昌鸡体型中等，体表特征是三黄(黄脚、黄嘴、黄皮)一白(白耳)，具有头小、脚小、颈小"三小"和颈短、脚短"二短"的特征。母鸡体型匀称，背部及颈部羽毛有黑色羽毛掺杂，主尾羽黑色居多，被毛紧凑光滑。公鸡单冠，冠及肉髯鲜红，背部羽毛呈枣红色，颈部金黄，主尾羽黑色并带有蓝色光泽，外观结实而雄武，见图 6-1-18～图 6-1-21。

图 6-1-18　文昌鸡(1)

图 6-1-19　文昌鸡(2)

图 6-1-20　文昌鸡(3)

图 6-1-21　文昌鸡(4)

3. 生产性能

初生体重为 28.8±2.9 g，成年体重公鸡为 1 144.9±149.5 g，母鸡为 876.0±95.1 g。开产期 120～126 d，年产蛋 120～150 枚，平均蛋重为 44.1±1.2 g，蛋形指数 1.32±0.04。屠宰测定：成年公鸡半净膛为 82.6%±0.9%，母鸡为 79.2%±2.0%；全净膛公鸡为 72.9%±1.8%，母鸡为 66.2%±3.6%。

(八) 仙居鸡

仙居鸡是小型蛋用地方鸡种。

1. 产地及分布

中心产区为浙江省仙居、临海、天台等地，主要分布于仙居县的埠头、横溪、白塔、田市、官路、城关等乡镇，临海市的白水洋、张家渡等村庄，广东、广西、福建、江苏、江西、上海等省(自治区、直辖市)也有分布。

2. 外形特征

仙居鸡是中国著名的地方良种鸡，在农业部的权威典籍《中国家禽品种志》一书中排名首位，被列入国家重点畜禽品种保护名录。仙居鸡体小、结实匀称，动作灵敏，富神经质；外貌三黄(脚黄、喙黄、羽毛黄)，产蛋性能好，肉质细嫩，鲜美爽口。仙居鸡以其悠久的历史、优越的生长环境、优选的品系、优越的品质、优良的培育加工技术，在国内外享有较高的声誉。仙居鸡全身羽毛紧密，公鸡颈羽呈金黄色，主翼羽为红色夹杂黑色，尾羽为黑色；母鸡主翼羽半黄半黑，尾羽为黑色，颈羽夹杂斑点状黑灰色羽毛。体型紧凑，体态匀称，小巧玲珑，背平直，双翅紧贴，尾羽高翘，状如"元宝"。头大小适中，颈细长。

毛色有黄、白、黑、麻雀斑色等多种。胫色有黄、青及肉色，见图6-1-22。

图6-1-22 仙居鸡
(a)仙居鸡公鸡；(b)仙居鸡母鸡

3. 生产性能

初生体重公鸡为32.7 g，母鸡为31.6 g。180日龄体重公鸡为1 256 g，母鸡为953 g。开产日龄为180 d，年产蛋160～180枚，高者可达200枚以上，蛋重为42 g左右，壳色以浅褐色为主，蛋形指数1.36。屠宰测定：3月龄公鸡半净膛为81.5%，全净膛为70.0%；6月龄公鸡半净膛为82.7%，全净膛为71%，母鸡半净膛为82.96%，全净膛为72.2%。

(九)来航鸡

来航鸡是标准品种，属于高产蛋用型鸡。

1. 产地及分布

原产于意大利，我国于20世纪20年代和30年代初期先后几次引进本品种，现已遍布全国各地。

2. 外形特征

来航鸡按冠型和毛色共分12个品变种，如单冠白来航、玫瑰冠褐来航等。其中，单冠白来航鸡生产性能最高，分布最广。来航鸡体型轻小紧凑，羽毛白色，冠大，公鸡的冠较厚而直立，母鸡冠较薄而倒向一侧；皮肤、喙、胫均为黄色，耳叶白色，耳垂、喙、脚和皮肤黄色，产蛋后因色素减退而呈白色。全身羽毛紧密洁白，性情活泼好动，善飞跃，见图6-1-23～图6-1-25。

图6-1-23 白来航鸡

图 6-1-24　来航鸡(褐色)

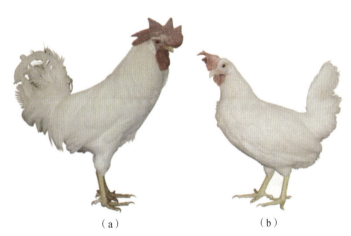

图 6-1-25　来航鸡

(a)来航鸡公鸡；(b)来航鸡母鸡

3. 生产性能

初生体重公鸡为 37.5±3.7 g，母鸡为 37.5±3.4 g；8 周龄体重公鸡为 1 429.7±119.4 g，母鸡为 1 216.1±94.7 g。150~160 日龄开产，年产蛋 200 个左右，蛋重 50~60 克，壳白色。屠宰测定：宰前体重为公鸡 2 346±196 g、母鸡 1 882±134 g，屠体重为公鸡 2 154±181 g、母鸡 1 699±127 g；屠宰率为公鸡 91.8%±1.7%、母鸡 90.3%±1.5%；半净膛率为公鸡 84.2%±1.6%、母鸡 82.2%±1.4%；全净膛率为公鸡 73.0%±2.1%、母鸡 70.8%±1.7%。

(十)艾维茵肉鸡

艾维茵肉鸡为现代品种。

1. 产地及分布

艾维茵肉鸡是美国艾维茵国际有限公司培育的四系配套白羽肉鸡品种，其父母代种鸡产量高，商品仔鸡生长快，适应性强。

2. 外形特征

祖代种鸡采用四系配套制种方式，父本 A、B 两系体重大，体躯宽而深，胸、腿部肌肉发达，属于白科尼什肉鸡体型；母本 C、D 两系体型中等呈椭圆形，体躯紧凑、丰满，羽毛较紧密。艾维茵肉鸡属于白洛克杂交型鸡，体型饱满、胸宽、腿短、黄皮肤，具有增重快、成活率高、饲料报酬高等优良特点，见图 6-1-26。

图 6-1-26 艾维茵肉鸡

3. 生产性能

艾维茵肉鸡以其生长速度快而闻名,通常在 42~49 d 即可达到市场屠宰重量(2.5~3.0 kg)。饲料转化率非常高,平均饲料转化率为 1.7~1.9。其胸肉产量高,肉质细嫩多汁,深受消费者喜爱。该鸡对环境的适应性强,适合各种养殖环境,包括集约化养殖和半集约化养殖。

三、鸡的品种识别方法

识别鸡的品种时,可以根据鸡的特征和标准对其进行分类,通常可以根据其头部、颈部、羽色、冠形、胫趾喙颜色、体形等识别鸡的品种,主要包括以下几种方法。

(一)观察法

1. 外貌特征观察法

主要观察其以下几个方面的外貌特征,初步确定鸡的品种。

(1)体型大小。

不同品种的鸡体型大小有所差异,有些品种的鸡体型较小,而有些品种的鸡体型较大。

(2)颜色斑纹。

羽毛的颜色和斑纹也是区分鸡的品种的重要特征,有些品种的鸡羽毛颜色鲜艳,而有些品种的鸡羽毛颜色素雅。有的鸡呈大红色,有的则是金黄色,还有的是纯白色或黑色;而且不同品种的鸡羽毛上的斑点也各不相同,有的是斑点,有的是条纹,有的则是斑块。

(3)冠羽形状和颜色。

不同品种的鸡的冠羽可能存在较大的差异,有些品种的鸡的冠羽较大且色彩鲜艳,而有些品种的鸡的冠羽较小且颜色素雅。

(4)翅膀和尾巴。

翅膀和尾巴也是区分鸡的品种的重要特征,它们的大小、形态和颜色均有差异。

2. 行为习性观察法

观察不同品种的鸡在以下几个方面的行为习性,可以进一步判断鸡的品种。

(1)觅食方式。

不同品种的鸡在觅食方式上可能存在差异,有些品种的鸡喜欢在地上觅食,而有些品种的鸡更喜欢在草丛中觅食。

(2)活动范围。

不同品种的鸡对活动范围的要求有所不同,有些品种的鸡更适合放养,有些品种的鸡更适合笼养。

3. 生理特征观察法

不同品种的鸡产下的蛋可能存在差异，包括蛋的大小、颜色和产蛋量。有些品种的鸡产蛋量较高，而有些品种的鸡产蛋质量更好。有些品种的鸡在叫声上可能与其他品种的鸡有所不同，可以通过叫声的特征来进行识别。

通过以上观察法，可以综合判断鸡的品种。需要注意的是，这些观察方法需要在实际养殖中进行长期观察和总结，并结合相关的养殖知识和经验，才能更准确地识别鸡的品种。

（二）DNA 鉴定法

DNA 鉴定法是一种高度精确的方法，可用于识别鸡的品种。通过比对鸡的 DNA 序列与已知品种在 DNA 库中的序列，可以确定被鉴定的鸡属于哪一品种。这种方法可以避免外貌特征上的混淆或误判，提高鸡种识别的准确性和可靠性。DNA 鉴定法在农业领域的广泛应用，对于维护纯种品种、饲养管理、遗传改良等具有重要意义。

（三）拍照识物技术

目前，利用拍照识物技术识别鸡的品种已经成为可能。通过拍摄下来的鸡的照片，然后利用图像识别和人工智能技术进行分析，可以识别鸡的外貌特征并推测其品种。这种方法是基于二维图像的分析，在识别常见鸡的品种上已经取得了一定的进展，且这一方法可以在相对简单的设备上实现，如智能手机或摄像头。但是，这一方法的准确性可能受到光线、角度和遮挡等因素的影响，在复杂的品种或者细微的特征识别上仍有改进的空间。随着人工智能技术的不断发展，相信拍照识物法在识别鸡的品种上会有更广阔的应用前景。

（四）扫描识物法

目前，利用扫描识物技术识别鸡的品种还处于探索阶段。这一方法是通过对鸡的外貌特征进行三维扫描，然后利用图像识别和人工智能技术对该三维模型进行分析，从而尝试推测鸡的品种，需要专门的扫描设备和处理软件，成本较高。此外，这种方法的推行要实现准确的品种识别，需要解决许多挑战，如鸡的姿态、光线和扫描精度等。虽然目前这项技术还不够成熟，但随着科学技术的不断进步，相信扫描识物法在识别鸡的品种方面会有更多的应用潜力。

总的来说，拍照识别更便捷，但受限于图像的质量和角度；而扫描识物法能提供更丰富的信息，但需要专门的设备和技术支持。这两种方法在识别鸡的品种上都具有潜力，但也面临挑战。

实践操作

一、实践目的

学习鸡的品种的识别方法，掌握不同品种的鸡的外貌特征，了解不同品种的鸡的行为习性、生理特征、适宜环境和用途等方面的知识。

二、实验前准备（学校可根据自身实际选择）

（1）计算机、鸡的养殖 VR（DR）虚拟仿真教学软件或不同品种鸡的三维高清图片、鉴定手册。

（2）不同品种的仿真模型鸡或鸡的标本（腿、头、羽毛等）、显微镜、显微摄像头、鉴定手册。

（3）鸡品种的电子图册（或照片）、幻灯片、挂图、标本、幻灯机和投影仪等。

三、方法步骤

(1)展示不同品种鸡的图片(挂图)或放映DR(幻灯片、录像、VR等),介绍不同类型鸡的主要外貌特征。

(2)师生共同反复辨认各个品种,总结每个品种鸡的突出外貌特征、经济类型及主要生产性能。

(3)放图像,由学生指出鸡的品种名称、突出外貌特征、经济类型。

(4)组内相互检查,巩固学习效果。提供实物或图片,让学生识别鸡的品种,并说明其产地、外貌特征和主要生产性能。

(5)教师随机抽测,验证学习成效。

(6)师生共同总结。

四、工位整理

实验结束后,将实践用品归位,并按"7S"管理要求优化工作环境。

五、实习作业

(1)列表将所识别的鸡品种的产地、经济类型、外貌特征和生产性能进行比较。

(2)撰写一份实验报告。

同步练习

基础知识练习

一、单项选择题

1. 被中国国家地理标志产品认证,且原产于北京市郊区的鸡是(   )。
   A. 丝羽乌骨鸡　　　B. 固始鸡　　　C. 北京油鸡　　　D. 茶花鸡

2. 具有丛冠、缨头、绿耳等特征,且属于药用型的鸡是(   )。
   A. 藏鸡　　　B. 旧院黑鸡　　　C. 茶花鸡　　　D. 丝羽乌骨鸡

3. 原产于四川省万源,被誉为"世界稀有,中国独有"的鸡是(   )。
   A. 藏鸡　　　B. 固始鸡　　　C. 旧院黑鸡　　　D. 仙居鸡

4. 被列为中国国家二级保护动物,且主产于云南省的鸡是(   )。
   A. 藏鸡　　　B. 茶花鸡　　　C. 来航鸡　　　D. 艾维茵肉鸡

5. 具有三黄(黄脚、黄嘴、黄皮)一白(白耳)特征的鸡是(   )。
   A. 仙居鸡　　　B. 来航鸡　　　C. 艾维茵肉鸡　　　D. 文昌鸡

6. 中国在20世纪20年代引进,皮肤、喙、胫均为黄色,耳叶白色且属于蛋用型鸡的是(   )。
   A. 藏鸡　　　B. 茶花鸡　　　C. 来航鸡　　　D. 艾维茵肉鸡

7. 中国国家地理标志产品,外貌特征为"三黄"(脚黄、喙黄、羽毛黄),产蛋性能好,在国内外享有较高声誉的鸡是(   )。
   A. 旧院黑鸡　　　B. 茶花鸡　　　C. 来航鸡　　　D. 仙居鸡

8. 体重大，体躯宽而深，属于现代品种的鸡是(　　)。
   A. 北京油鸡　　　　B. 固始鸡　　　　C. 艾维茵肉鸡　　　　D. 文昌鸡
9. 来航鸡按冠型和毛色共分为12个品变种，其中生产性能最高，分布最广的是(　　)。
   A. 单冠白来航　　　B. 玫瑰冠褐来航　　C. 褐来航鸡　　　　D. 黑来航鸡
10. 体型呈U字形，公鸡的主、副翼羽，主尾羽和大镰羽均为黑绿色的鸡是(　　)。
    A. 藏鸡　　　　　　B. 茶花鸡　　　　　C. 来航鸡　　　　　D. 艾维茵肉鸡
11. 尾形有佛手尾、直尾两种，以佛手尾为主且是国家重点保护畜禽品种的是(　　)。
    A. 丝羽乌骨鸡　　　B. 固始鸡　　　　　C. 北京油鸡　　　　D. 茶花鸡
12. 主要栖息于海拔2 000 m以下的低山、丘陵和山脚平原地带的热带雨林，特别喜欢在灌丛间活动的鸡是(　　)。
    A. 藏鸡　　　　　　B. 茶花鸡　　　　　C. 固始鸡　　　　　D. 仙居鸡

二、多项选择题

1. 北京油鸡的特征包括(　　)。
   A. 羽黄　　　　　　B. 喙黄　　　　　　C. 胫黄　　　　　　D. 皮肤黄
2. 丝羽乌骨鸡的"十大"特征中包括(　　)。
   A. 紫冠　　　　　　B. 缨头　　　　　　C. 绿耳　　　　　　D. 乌皮
3. 关于固始鸡的外形特征，以下描述正确的有(　　)。
   A. 体躯呈三角形　　　　　　　　　　　B. 冠有单冠和复冠
   C. 毛色有白、麻、黑等不同色　　　　　D. 以上选项都对
4. 茶花鸡的外形特征有(　　)。
   A. 羽毛紧凑　　　　B. 体躯匀称　　　　C. 性情活泼好斗　　D. 头大方正
5. 关于藏鸡的外形特征，以下描述正确的有(　　)。
   A. 体型呈U字形　　B. 行动敏捷
   C. 翼羽和尾羽特别发达　　D. 以上选项都对

三、判断题(判断下列描述的正误，描述正确的在括号内填A，错误的填B)

(　　)1. 北京油鸡的"三黄"特征指的是羽黄、喙黄和胫黄。
(　　)2. 丝羽乌骨鸡不仅是一种观赏型鸡种，还具有药用价值。
(　　)3. 旧院黑鸡是四川省万源市特有的品种，被中科院命名为"世界稀有，中国独有"。
(　　)4. 茶花鸡是中国国家二级保护动物，且被《世界自然保护联盟濒危物种红色名录》列为无危物种。
(　　)5. 文昌鸡是中国最佳肉用型鸡种之一，具有皮薄嫩滑、肉味馥香的特点。
(　　)6. 仙居鸡是中国著名的地方良种鸡，在《中国家禽品种志》一书中排名第二位。
(　　)7. 来航鸡是一种蛋用型鸡，原产于意大利，在21世纪20年代和30年代初期引进国内。
(　　)8. 红原鸡是高海拔地区养禽业的当家品种。
(　　)9. 现代养鸡生产中，主要按经济性能和生产方向对鸡进行分类，大体分为蛋鸡系和肉鸡系两类，并对配套合成系冠以商品名出售。
(　　)10. 艾维茵肉鸡不能纯繁复制。

技能训练

1. 通过图片识别鸡的品种，每正确识别1个品种得3分。

2. 描述北京油鸡、丝羽乌骨鸡、固始鸡、旧院黑鸡、茶花鸡、藏鸡、文昌鸡、仙居鸡、来航鸡、艾维茵肉鸡等常见品种的主要特征、产地和主要生产性能，每描述正确1个得3分。

考核评价

鸡的品种识别考核评价表

序号	考核项目	考核内容	得分标准	分值	得分
1	品种识别	鸡的品种识别	每识别错误1个扣3分	30	
2	特征描述	鸡的产地及特征特性介绍	产地及特征特性介绍不全扣1~2分，描述错误扣3分	30	
3	识别速度	在规定的时间内完成任务	没有在规定的时间内完成任务扣10分	10	
4	职业素养与操作规范	正确着装，做好工作前准备，遵守考场纪律	未穿实验服的扣2分，不在指定位置操作的扣3分；迟到30 min取消考核资格；不服从考评专家安排的该项计0分；凡有在实训室吃零食、抽烟等与技能操作无关的事项，每次扣1分，本项分值扣完为止	4	
		遵守安全操作规程	有违安全用电、用火者每次扣2分，未按规定开关多媒体设备扣3分，扣完6分则整个任务判定为不合格	6	
		正确使用仪器设备(工具)	多媒体使用不正确的扣2分，造成仪器设备(工具)损坏的扣3分，造成安全事故的本大项记0分	4	
		保持操作台面及工位环境的清洁卫生，所用工具摆放回原处	未整理工位扣0.5分，未归置工具扣0.5分，本项分值扣完为止	2	
		团结协作	学习态度不端正、不参与团队合作扣2分	2	
5	文档能力	报告单	未按时上交，扣8分；字迹不工整扣2分；报告体例不规范扣3分，报告内容不完整的，每缺一项扣1分，直至本项分值扣完为止	8	
		记录本	未按时上交扣4分；未记录扣4分；记录内容与本实验无关扣4分	4	
	评价人员签字	1. 任课教师： 2. 实习指导教师： 3. 专业带头人： 4. 园区(企业或行业)技术员：			

备注：未经允许，不得随意拆卸或调换显微镜的部件。严禁不按要求操作，故意损坏镜头，如有损毁，视情节和态度扣除个人成绩20~40分，小组成员同时扣除安全生产及团结协作成绩，情节严重的将按照相关处理办法进行违纪处理。

任务 2　猪的品种识别

> **基础知识**

猪的种类很多，按经济类型将其进行分类可分为脂肪型、瘦肉型、肉脂兼用型；按培育程度将其进行分类可分为优良（引入）品种、改良（培育）品种、原始（地方）品种。

一、猪的品种

（一）荣昌猪

1. 产地与分布

荣昌猪为肉脂兼用型，是世界八大优良种猪之一，现已成为我国养猪业推广面积最大、最具有影响力的地方猪种之一。荣昌猪原产于重庆市荣昌区和四川省隆昌市，主要分布于重庆市永川区、大足区、铜梁区、江津区、璧山区等地和四川省隆昌市，重庆市其他区县也有一定数量的群体分布。

2. 外形特征

荣昌猪体型较大，结构匀称，毛稀，鬃毛洁白、粗长、刚韧。头大小适中，面微凹，额面有皱纹，有漩毛，耳中等大小而下垂，体躯较长，发育匀称，背腰微凹，腹大而深，臀部稍倾斜，四肢细致、坚实，乳头6~7对。除两眼四周或头部有大小不等的黑斑外，绝大部分荣昌猪全身被毛均为白色，少数在尾根及体躯出现黑斑。按其毛色特征分别被称为"金架眼""黑眼膛""黑头""两头黑""飞花"和"洋眼"等，见图6-2-1~图6-2-3。

图 6-2-1　荣昌猪（1）

图 6-2-2　荣昌猪（左雄右雌）

3. 生产性能

成年公猪平均体重 98 kg，母猪平均体重 86.8 kg。经选育的猪群头胎产仔 8~9 头，经产母猪窝产仔 11~12 头。不限量饲养日增重为 623 g，屠宰适期为 7~8 月龄，体重 80 kg 左右的肉猪屠宰率为 69%，瘦肉率为 42~46%。

（二）藏猪

1. 产地及分布

藏猪包括西藏藏猪、云南迪庆藏猪、四川藏猪和甘肃的甘南藏猪（合作猪）等。四川藏猪（川藏猪）主产于四川省的阿坝藏族自治州和甘孜藏族自治州，主要分布于阿坝藏族羌族自治州的黑水、马尔康、小金、金川及甘孜藏族自治州的理塘、乡城、稻城、雅江、新龙、德格等县。这些不同的类群，由于所处环境和选育有所差异，其性能也略有不同。

图 6-2-3　荣昌猪（2）

2. 外形特征

藏猪多为黑色，其次为黑毛兼"六白"不全，少部分为棕红色。藏猪冬季密生绒毛，夏季毛稀而短，鬃毛特别发达。头稍长，额较窄，额纹不明显或有纵行浅纹；耳小，向两侧平伸或微竖，转动灵活；嘴筒长、直、尖，有 1~3 道箍。背腰一般较平直，腹紧凑不下垂，后躯高于前躯，臀部倾斜，四肢结实，蹄质坚实。耐高寒，抗逆性强，耐粗饲；肉质好，肉色鲜红，肉质细嫩，味香而鲜，瘦肉比例高；鬃毛粗，产量高，见图 6-2-4 和图 6-2-5。

图 6-2-4　藏猪（1）

（a）　　　　　　　　　　　　　（b）

图 6-2-5　藏猪（2）

（a）四川藏猪公猪；（b）四川藏猪母猪

3. 生产性能

终年放牧,生长缓慢,成年母猪体重41 kg,公猪体重36 kg,头胎产仔4~5头,三胎以上6~7头。肥育期日增重为173 g。48 kg左右的藏猪屠宰率为66.6%,膘厚约3 cm,眼肌面积约16.8 cm²,瘦肉率为52.5%。

(三)内江猪

1. 产地及分布

内江猪原产于内江市东兴区,中心产区为内江市东兴区、市中区,现主要分布于内江市的资中、威远和资阳市的雁江、安岳、乐至、成都简阳市及自贡市的大安区、荣县、富顺等县区,泸州、遂宁、广安等市也有零星分布,历史上曾称"东乡猪",属西南型猪种。品种内有"狮子头"(额部皱褶特大,眼窝深陷,嘴筒特短,舌尖经常外露)、"二方头"(嘴筒稍长、额部皱褶较浅)、"毫杆嘴"(嘴筒特长)之分。

2. 外形特征

内江猪全身被毛黑色,体形较大,体质疏松,体躯宽而深,前躯尤为发达。头大、头短,额部有沟状横纹,额皮中部隆起成块,耳中等大小且下垂,背腰微凹,腹大不拖地,四肢粗壮,皮厚。乳头粗大,有6~7对。成年种猪的体侧或后腿有很深的皱褶,见图6-2-6~图6-2-9。

图6-2-6 内江猪(1)

图6-2-7 内江猪(2)

图6-2-8 内江猪(3)

图6-2-9 内江猪(4)

3. 生产性能

公猪成年体重148 kg,母猪140 kg。成年母猪(3胎以上)产仔数11头,产活仔数10.0头,仔猪40日龄断奶,窝重93 kg。育肥猪20~90 kg阶段日增重540 g。90 kg屠宰时,屠宰率为72%,瘦肉率为42%,后腿比例为27%。

(四)二花脸猪(太湖猪)

1. 产地及分布

二花脸猪以江苏省的舜山四周为母猪繁殖中心,主要分布在江阴、武进、无锡、常熟、沙洲、丹阳、宜兴及靖江等地。

2. 外形特征

头大额宽，额部皱褶多、深，有2~3道横纹，耳特大，软而下垂，耳尖齐或超过嘴角，形似大蒲扇。嘴筒稍长且微凹，鼻额间有一凸起横肉。全身被毛黑色或青灰色，毛稀疏，毛丛密，毛丛间距离大，腹部皮肤多呈紫红色，也有鼻吻白色或尾尖白色。乳头数多为16~18个。繁殖性能好是其最重要的种质特征，表现为性成熟早、产仔数量高、母性好。我国视其为"猪中之国宝"。美、英、法、日等国家誉之为"世界猪种产仔之王"，见图6-2-10~图6-2-12。

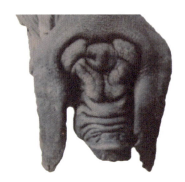

图6-2-10　太湖猪头部

图6-2-11　太湖猪侧面

图6-2-12　太湖猪尾部

3. 生产性能

成年公猪体重128~192 kg，母猪体重102~172 kg。繁殖力高，头胎产仔12头，三胎以上16头，排卵数25~29枚。60 d泌乳量311.5 kg。日增重430 g以上。屠宰率为65%~70%，瘦肉率为45.1%。眼肌面积15.8 cm²。

(五)成华猪

1. 产地及分布

俗话说"家家都有黑毛猪",这里所说的黑毛猪便是成华猪,成华猪全身黑毛、四肢短小、体型膘肥。以前,成华猪是成都猪肉市场的主力品种,土生土长的成都黑毛猪,也是回锅肉的"最佳搭档"。成华猪分布于新都、金堂、广汉、什邡、彭州、灌县、崇州、大邑、新津以及德阳、绵竹、龙泉等地。2013年5月27日,有报道称最适合做回锅肉的四川成华猪已濒临灭绝。

2. 外形特征

成华猪体型中等偏小,头方正,额面皱纹少而浅,嘴筒长短适中,耳较小且下垂,颈粗短,背腰宽、稍凹陷,腹较圆而略下垂,臀部丰满,四肢较短,被毛黑色,乳头6~7对,见图6-2-13。

图6-2-13 成华猪

3. 生产性能

成年公猪体重149 kg,母猪体重129 kg。成华猪性成熟较早,公猪3~4月龄即可配种,母猪6~8月龄初配种。成年母猪平均排卵15~21枚,经产母猪窝产仔10~11头。肥育期日增重为535 g。屠宰率为70%左右,瘦肉率为41%~46%。

(六)杜洛克猪

1. 产地及分布

原产于美国,原名杜洛克。现广泛分布于世界各国,并已成为中国杂交组合中的主要父本品种之一,用以生产商品瘦肉猪。杜洛克猪原本是脂肪型品种猪,20世纪50年代后逐步向肉用型发展,现多定位为瘦肉型猪。

2. 外形特征

毛色棕红,耳中等大略向前倾,体躯高大,胸宽而深,背腰略呈拱形,腹线平直,全身肌肉丰满平滑,后躯肌肉特别发达。杜洛克猪适应性强,对饲料要求低,食欲好,耐低温,对高温耐受性差。利用杜洛克猪做父本,进行杂交生产商品肉猪,能大幅提高商品代的胴体瘦肉率,见图6-2-14和图6-2-15。

图6-2-14 杜洛克猪(1)　　　　　图6-2-15 杜洛克猪(2)

3. 生产性能

生长快,饲料转化率高,胴体瘦肉率高,肌内脂肪含量较高、抗逆性强。肥育期平均日增重750 g以上,料肉比为2.5~3.0∶1。胴体瘦肉率在60%以上,屠宰率为75%,成年体重为公猪340~450 kg,母猪

300~390 kg。初产母猪产仔 9 头左右，经产母猪产仔 10 头左右。母性较差。

(七)长白猪

1. 产地及分布

长白猪又名兰德瑞斯猪，原产于丹麦，是世界著名的瘦肉型猪种。在中国，长白猪有美系、英系、法系、比利时系、新丹系等品系。

2. 外形特征

长白猪的颜面直，耳大、耳穴向下覆盖颜面。颈部、肩部较轻，背腰长直，体侧长深，腹开张良好但不垂，腹线平直。腿臀丰满，体质结实。全身被毛为白色，毛浓，皮肤薄，骨细结实。乳头 6~7 对，见图 6-2-16 和图 6-2-17。

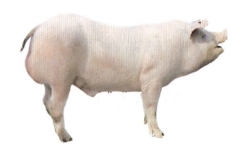
图 6-2-16 长白猪(1)

图 6-2-17 长白猪(2)

3. 生产性能

长白猪在良好的饲养条件下，生长发育迅速，6 月龄体重可达 90 kg 以上。体重 90 kg 时屠宰，屠宰率为 70%~78%。胴体瘦肉率为 55%~63%。母猪性成熟较晚，6 月龄达性成熟，10 月龄可开始配种。母猪发情周期为 21~23 d，发情持续期 2~3 d，初产母猪产仔数 9 头以上，经产母猪产仔数 12 头以上，60 日龄仔猪窝重 150 kg 以上。

(八)大白猪

1. 产地及分布

大白猪又称大约克夏猪、英国大白猪，原产于英国，是世界上最著名、分布最广的主导瘦肉型猪种。约克夏猪分为大、中、小 3 种类型，分别称为大约克夏猪(大白猪)、中约克夏猪(中白猪)、小约克夏猪(小白猪)；大白猪属于瘦肉型，中白猪属于兼用型，小白猪属于脂肪型。

2. 外形特征

大白猪体格大，体型匀称。颜面宽、略带凹。耳立，鼻直。四肢高大，背腰略呈流线型。皮毛全白，少数额角皮上有一很小的青斑。乳头数 7 对以上。在饲养条件差的地区会体型变小，腹围增大，见图 6-2-18 和图 6-2-19。

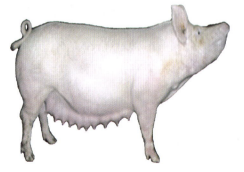
图 6-2-18 大白猪(1)

图 6-2-19 大白猪(2)

3. 生产性能

增重速度快，饲料转化率高，出生 6 月龄体重可以达 100 kg 左右。在营养良好、自由采食的条件下，日增重可达 700 g 左右，每千克增重消耗配合饲料 3 kg 左右。体重 90 kg 时屠宰率为 71%～73%，瘦肉率为 60%～65%。经产母猪产仔数 11 头，乳头 7 对以上，8.5～10 月龄开始配种。

（九）汉普夏猪

1. 产地及分布

汉普夏猪属瘦肉型猪种，原产于美国，是美国分布最广的猪种之一。早期曾被称为"薄皮猪"。

2. 外形特征

嘴筒长直，耳中等大小且直立。体型较大，体躯较长，四肢稍短而健壮。背腰微弓，较宽。腿臀丰满，呈现良好的瘦肉型体况。被毛黑色，以颈肩部（包括前肢）有一白色环带为特征，故又称"银带猪"。乳头 6 对以上，排列整齐，见图 6-2-20 和图 6-2-21。

图 6-2-20　汉普夏猪(1)

图 6-2-21　汉普夏猪(2)

3. 生产性能

在良好的饲养条件下，6 月龄体重可达 90 kg，日增重 600～650 g，饲料利用率在 3.0 左右，90 kg 体重屠宰率为 71%～75%，胴体瘦肉率为 60%～62%。母猪 6～7 月龄开始发情，经产母猪每胎产仔 8～9 头。

（十）皮特兰猪

1. 产地及分布

皮特兰猪原产于比利时的布拉班特省，是由法国的贝叶杂交猪与英国的巴克夏猪进行回交，然后再与英国的大白猪杂交育成的。皮特兰猪的主要特点是瘦肉率高，后躯和双肩肌肉丰满。

2. 外形特征

皮特兰猪毛色大多呈灰白花色，并带有不规则的、大块的深黑色斑点，头部清秀，颜面平直，嘴大且直，耳中等大小，略向前倾。背腰宽大，平直，体躯短。腿臀丰满，方臀。全身肌肉丰满，体型呈圆桶型，体长 1.5～1.6 m，见图 6-2-22～图 6-2-24。

图 6-2-22　皮特兰猪(1)

图 6-2-23　皮特兰猪(2)

图 6-2-24　皮特兰猪(3)

3. 生产性能

皮特兰猪具有瘦肉率高、背膘薄、眼肌面积大的优点，其瘦肉率一般可达 73%，背膘约 0.98 cm，眼肌面积约 43 cm²，这大大优于其他品种。但皮特兰猪的生长肥育性能不及杜洛克、长白猪、大白猪三大名种，育肥后期增重较慢。肥育期日增重 710 g 左右。繁殖性能中等，经产母猪窝产活仔 10 头左右。

二、猪的品种识别方法

识别猪的品种通常通过对猪的外部形态特征进行观察和分析，并根据猪的毛色、耳形、背线、体型（胸腹的收紧程度）、额纹等进行识别。以下是一些常见的识别猪的品种的方法。

（一）外部形态特征观察法

即观察猪的外部形态特征，包括体型大小、体重、毛色、耳朵形状、眼睛形状、尾巴形状等。不同品种的猪在这些方面可能存在明显的差异，可以通过对比这些特征来进行初步识别。

（二）耳号标识

有些地区或养殖场会在猪的耳朵上打上编号或标记，从而对猪只进行管理和识别。可以通过耳号追溯猪只的品种信息。

（三）DNA 分析

对于科研或专业识别需求较高的情况，可以借助 DNA 分析技术对猪的品种进行识别。提取猪只的 DNA 样本，通过 PCR 扩增、基因测序等技术分析，可以得到其准确的品种信息。

实践操作

一、目的要求

学生利用多媒体、录像带、幻灯片等途径认识和鉴别常见猪的品种，并能复述其典型的外貌特征和生产性能。

二、实验前准备（学校可根据自身实际选择）

(1) 计算机、猪的养殖 VR(DR) 虚拟仿真教学软件或不同品种猪的三维高清图片、鉴定手册。

(2) 不同品种的仿真模型猪或猪的标本、显微镜、显微摄像头、鉴定手册。

(3) 不同品种猪的电子图册（或照片）、幻灯片、挂图、幻灯机或投影仪等。

三、方法步骤

（一）引入
简要介绍猪的品种的多样性和猪对人类的重要性，展示不同品种的猪的图片（挂图）或放映DR（幻灯片、录像、VR）等，向学生介绍不同类型的猪的主要外貌特征，让学生初步了解猪的外貌特征。

（二）小组分配
将学生分成若干个小组，每个小组负责5~6种猪的品种识别，小组成员分工合作，共同研究并记录所负责的猪的品种的特征，包括外貌、毛色、体型等。

（三）研究和讨论
小组成员共同研究负责的猪的品种，对比不同品种之间的特征差异，讨论并总结出识别该品种的关键特征。

（四）成果展示
小组向全班展示他们研究的猪的品种，介绍该品种的特征和识别方法。全班学生就不同品种的猪的特征进行讨论，共同总结不同品种的猪的识别要点。

（五）总结和反思
引导学生进行总结，思考其在小组学习中遇到的问题和收获。鼓励学生分享学习过程中的体会和感想，促进学生在反思中成长。

（六）评价
从小组研究报告的质量和全班讨论时的参与度、学生对不同猪品种的识别能力和理解程度、学生在小组学习中的合作表现和团队精神等方面进行评价。

四、工位整理
实验结束后，将实践用品归位，并按"7S"管理要求优化工作环境。

五、实习作业
(1) 列表比较所识别猪品种的产地、经济类型、外貌特征和生产性能。
(2) 撰写一份实验报告。

同步练习

基础知识练习

一、单项选择题

1. 体躯长，前窄后宽呈流线型，全身被毛为白色的猪是（　　）。
A. 荣昌猪　　　　　B. 长白猪　　　　　C. 成华猪　　　　　D. 藏猪

2. 毛色呈灰白色并带有不规则的深黑色斑点,偶尔出现少量棕色毛的猪是(　　)。
   A. 内江猪　　　　　B. 长白猪　　　　　C. 成华猪　　　　　D. 皮特兰猪
3. (　　)又名银带猪、薄皮猪。
   A. 汉普夏猪　　　　B. 长白猪　　　　　C. 成华猪　　　　　D. 皮特兰猪
4. 被毛多为黑色,部分具有不完全"六白"特征的猪为(　　)。
   A. 内江猪　　　　　B. 长白猪　　　　　C. 藏猪　　　　　　D. 皮特兰猪
5. 被称为"大约克夏猪"的是(　　)。
   A. 成华猪　　　　　B. 大白猪　　　　　C. 二花脸猪　　　　D. 皮特兰猪
6. 产仔多,在中国被视为"猪中之国宝"的猪是(　　)。
   A. 荣昌猪　　　　　B. 二花脸猪　　　　C. 藏猪　　　　　　D. 内江猪
7. 毛色大多呈现灰白花色,或是大块的黑白花色的猪是(　　)。
   A. 皮特兰猪　　　　B. 杜洛克猪　　　　C. 汉普夏猪　　　　D. 二花脸猪
8. 全身被毛呈金黄色或棕红色,色泽深浅不一,两耳中等大,略向前倾,耳尖稍下垂,头小清秀的猪是(　　)。
   A. 藏猪　　　　　　B. 杜洛克猪　　　　C. 长白猪　　　　　D. 汉普夏猪
9. 当今世界上繁殖力、产仔力最高的地方猪是(　　)。
   A. 太湖猪　　　　　B. 内江猪　　　　　C. 金华猪　　　　　D. 上海白猪
10. 仔细观察下列图片,符合皮特兰猪的特征的是(　　)。

A.

B.

C.

D.

11. 仔细观察下列图片,符合内江猪的特征的是(　　)。

A.

B.

C.

D.

12. 仔细观察下列图片，符合长白猪特征的是（　　）。

A.

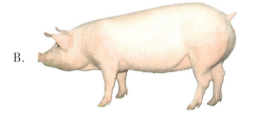
B.

D.

C.

二、多项选择题

1. 杜洛克猪的特点有（　　）。
   A. 毛色全白 B. 肌肉丰满 C. 背腰平直 D. 四肢短小
2. 成华猪的特点有（　　）。
   A. 体型中等偏小 B. 颈细短，背腰微凹
   C. 四肢细短，蹄呈玉色 D. 毛色呈"两头乌"
3. 下列属于瘦肉型猪的有（　　）。
   A. 长白猪 B. 大约克夏猪 C. 杜洛克猪 D. 皮特兰猪
4. 下列关于皮特兰猪的说法，正确的有（　　）。
   A. 是世界上瘦肉型猪种中瘦肉率最高的一个品种
   B. 引入我国后，因其体躯长，毛色全白，故被称为长白猪
   C. 前后肢短且细（但引入的比系、法系皮特兰猪，前后肢较高、较粗壮），犬腹，头清秀
   D. 是美国目前分布最广的品种，也是当今世界较为流行的品种之一
5. 下列关于荣昌猪特点的描述，正确的有（　　）。
   A. 耐粗饲 B. 肉质好 C. 适应性强 D. 性情温顺
6. 内江猪的中心产区为内江市东兴镇一带，其品种有（　　）三个类群。
   A. 狮子头 B. 二方头 C. 豪杆嘴 D. 两头乌
7. 下列属于荣昌猪毛色特征的有（　　）。
   A. 金架眼 B. 黑眼瞳 C. 黑头 D. 两头黑

三、判断题（判断下列描述的正误，描述正确的在括号内填 A，错误的填 B）

（　　）1. 藏猪是世界上少有的高原型猪种。
（　　）2. 内江猪是我国华北、东北、西北和西南地区开展猪杂种优势利用的良好亲本之一。

( )3. 具有独特的毛色特征，前后腿部毛色为白色，其他部位毛色为黑色的是汉普夏猪。
( )4. 大约克夏猪属瘦肉型猪种，其毛色为红棕色，深浅不一。
( )5. 荣昌猪被美、英、法、日等国家誉为"世界猪种产仔之王"。
( )6. 杜洛克猪产仔数多，泌乳力高，常用来作为杂交母本。
( )7. 兰德瑞斯猪又被称为大白猪，是一种优秀的瘦肉型品种，毛色全白。
( )8. 成华猪具有早熟易肥、屠宰率较高和肉质细嫩等特点。
( )9. 内江猪对外界的刺激反应迟钝，忍受力强，和其他猪的杂交配合力强。
( )10. 大白猪因其肩部及前肢被一白色的被毛所覆盖，故又被称为"白带猪"或"银带猪"。

技能训练

1. 小组讨论进行归纳，初步判定猪的品种并说明理由。
2. 师生共同反复辨认各个猪品种，总结每个品种的突出外貌特征、经济类型及主要生产性能。
3. 学生指出其品种名称、典型外貌特征、经济类型。
4. 学生描述荣昌猪、二花脸猪、成华猪、藏猪、内江猪、杜洛克猪、长白猪、大白猪、汉普夏猪、皮特兰猪的主要特征、产地和主要生产性能。

考核评价

猪的品种识别考核评价表

序号	考核项目	考核内容	得分标准	分值	得分
1	品种识别	猪的品种识别	猪的品种每识别错误1个扣3分	30	
2	特征描述	猪的产地及特征特性的介绍	产地及特征特性介绍不全扣1~2分，介绍错误扣3分	30	
3	识别速度	在规定的时间内完成任务	没有在规定的时间内完成任务扣10分	10	
4	职业素养与操作规范	正确着装，做好工作前准备，遵守考场纪律	未穿实验服的扣2分；不按指定位置操作的扣3分；迟到30 min取消考核资格；不服从考评专家安排的该项计0分；凡有在实训室吃零食、抽烟等与技能操作无关的事项每次扣1分，本项分值扣完为止	4	
		遵守安全操作规程	有违安全用电、用火者每次扣2分，未按规定开关多媒体设备扣3分，扣完6分则整个任务判定为不合格	6	
		正确使用仪器设备(工具)	多媒体使用不正确的扣2分，造成仪器设备(工具)损坏的扣3分，造成安全事故的本项记0分	4	
		保持操作台面及工位环境清洁卫生，所用工具摆回原处	未整理工位扣0.5分，未归置工具扣0.5分，本项分值扣完为止	2	
		团结协作	学习态度不端正、不参与团队合作扣2分	2	

续表

序号	考核项目	考核内容	得分标准	分值	得分
5	文档能力	报告单	未按时上交扣8分；字迹不工整扣2分；报告体例不规范扣3分；报告内容不完整的，每缺一项扣1分，本项分值扣完为止	8	
		记录本	未按时上交扣4分；未记录扣4分；记录内容与本实验无关扣4分	4	
评价人员签名：			考核时间：		

任务3　牛的品种识别

基础知识

牛的品种有很多，生产上常根据经济用途将其划分为乳用牛、肉用牛、役用牛、兼用牛四种。乳用牛主要是生产牛奶以及奶制品，如荷斯坦牛、娟姗牛等。肉用牛主要是生产牛肉及牛肉制品，如海福特牛、安格斯牛、短角牛等。役用牛主要用于耕作，如中国的黄牛、水牛等。兼用牛有乳肉兼用、肉役兼用，如西门塔尔牛、瑞士褐牛、丹麦红牛等。一般根据毛色、体型、头型、角的形状等来识别牛的品种。

一、牛的品种

（一）秦川牛

1. 产地与分布

秦川牛是中国著名的大型肉役兼用品种，原产于陕西省，以咸阳、兴平等地的秦川牛最为有名，以量多质优著称。

2. 外形特征

秦川牛体格高大，体质结实，结构匀称，肌肉发达。胸宽深，肩长斜，背腰平直，肋骨开张良好，尻稍斜。皮薄毛细，毛色有紫红、红、黄三种，以紫红和红色居多。鼻镜和眼圈多为肉红色，尾帚多混有白色或灰白色。公牛头粗壮，额宽；母牛头清秀，角短而钝，向外下方或向后稍弯。蹄呈圆形，蹄叉紧、蹄质硬，绝大部分为红色，见图6-3-1~图6-3-3。

（a）

（b）

图6-3-1　秦川牛头部矢状面图
（a）公牛；（b）母牛

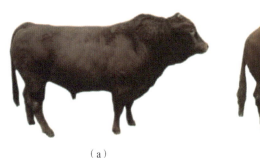
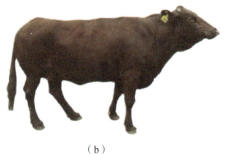

图 6-3-2 秦川牛侧面图
(a)公牛；(b)母牛

(a)　　　　　　　　　　　　　(b)

图 6-3-3 秦川牛尾部
(a)公牛；(b)母牛

3. 生产性能

成年公牛、母牛的平均体重分别为 594 kg 和 381 kg。经育肥的 18 月龄牛的平均屠宰率为 58.3%，净肉率为 50.5%。肉质细嫩多汁，大理石纹明显。秦川牛泌乳期为 7 个月，泌乳量为(715.8±261.0) kg。鲜乳成分为：乳脂率 4.70%±1.18%，乳蛋白质率 4.00%±1.18%，乳糖率 6.55%，干物质率 16.05%±2.58%。

（二）鲁西牛

1. 产地及分布

鲁西牛是我国中原黄牛四大品种之一，主要产于山东省。鲁西牛体躯结构匀称，细致紧凑，是较好的肉役兼用品种。

2. 外形特征

体躯高大，粗壮，结构匀称紧凑。被毛有棕色、深黄、黄和淡黄，以黄色为主，一般前躯毛色较后躯深，公牛毛色较母牛的深。鼻与皮肤均为肉红色，部分有黑色斑点。多数鲁西牛具有完全或不完全的三粉特征，即眼圈、口轮、腹下至股内侧为粉白色，俗称"三粉特征"。鼻镜多为淡肉色，部分牛鼻镜有黑斑或黑点。头较长而清秀，口形方大，颈部较长，眼大且明亮有神。角型多为"倒八字角"或"扁担角"，母牛角型以"龙门角"较多，色蜡黄或琥珀色。肩峰高而宽厚，胸深而宽，前躯发达，肉垂明显；中躯背腰平直，肋骨拱圆开张。前蹄形如木碗，蹄多为琥珀色，后蹄较小而扁长。母牛鬐甲较平，前胸较窄。四肢强健，后躯发育较好，背腰短而平直，尻部稍倾斜，尾细长呈纺锤形。鲁西牛根据其体型结构不同，可分为三类：高辕牛、抓地虎与中间型，如图 6-3-4~图 6-3-7 所示。

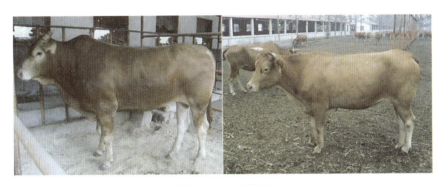
图 6-3-4　鲁西牛

图 6-3-5　鲁西牛头部矢状面图

图 6-3-6　鲁西牛侧面图

图 6-3-7　鲁西牛尾部

3. 生产性能

成年公牛、母牛平均体重为 645 kg 和 365 kg。一般育肥屠宰率为 55%~58%，净肉率为 45%~48%。鲁西牛产肉性能良好，皮薄骨细，产肉率较高，肌纤维细，脂肪分布均匀，呈明显的大理石状花纹。据试验，在以青草为主、掺入少量麦秸、每天补喂混合饲料 2 kg（豆饼 40%、麦麸 60%）的条件下，对 1~1.5 岁的鲁西牛进行肥育，平均日增重 610 g。据屠宰测定的结果，18 月龄的阉牛平均屠宰率为 57.2%，净肉率为 49.0%，骨肉比 1∶6.0，脂肉比 1∶4.23，眼肌面积 89.1 cm^2；成年牛平均屠宰率 58.1%，净肉率为 50.7%，骨肉比 1∶6.9，脂肉比 1∶37，眼肌面积 94.2 cm^2。

（三）蜀宣花牛

1. 产地及分布

蜀宣花牛是以宣汉黄牛为母本，以瑞士的西门塔尔牛和荷兰的荷斯坦乳用公牛为父本选育而成的乳肉兼用型新品种牛。蜀宣花牛血统来源清楚，遗传性能稳定，性情温顺，具有生长发育快、产奶和产肉性能较优、抗逆性强、耐湿热气候、耐粗饲、能适应高温（低温）高湿的自然气候及农区较粗放条件饲养等特点。目前，蜀宣花牛主要分布在四川省宣汉县近 30 个乡镇。

2. 外形特征

蜀宣花牛的体型外貌基本一致。毛色为黄白花或红白花，头部、尾梢和四肢为白色；头中等大小，母牛头部清秀；成年公牛略有肩峰；有角，角细而向前上方伸展；鼻镜肉色或有斑点；体型中等，体躯宽深、背腰平直、结合良好，后躯较发达，四肢端正结实；角、蹄以蜡黄色为主；母牛乳房发育良好，见图 6-3-8 和图 6-3-9。

图 6-3-8　蜀宣花牛（1）

图 6-3-9　蜀宣花牛（2）

3. 生产性能

成年公牛体重 780 kg 左右，成年母牛体重 522 kg 左右。蜀宣花牛第四世代群体平均年产奶量 4 480 kg，平均泌乳期 297 d，乳脂含量 4.16%，乳蛋白含量 3.19%。公牛 18 月龄育肥体重平均达 499.2 kg，90 d 育肥期平均日增重 1 275.6 g。屠宰率为 57.6%，净肉率为 48.0%。

（四）荷斯坦牛

1. 产地及分布

中国荷斯坦牛，也被称为中国黑白花奶牛，是中国的主要奶牛品种。这个品种是通过将从国外引进的荷兰牛在中国进行驯化和培育，或与中国黄牛进行杂交并经过长期选育逐渐形成的。中国荷斯坦牛的体型有大、中、小三种类型。荷斯坦牛主要分布在黑龙江、内蒙古、河北、新疆、山东等北方地区。

2. 外形特征

中国荷斯坦牛体型外貌多为乳用体型，华南地区为偏兼用型，其体格高大，结构匀称，体躯呈楔形。皮薄骨细，有角。毛色为黑白花，也有部分为红白花色，额部有白星或白鼻梁，腹下四肢及尾帚为白色。尻部平、方、宽，乳房发育良好，质地柔软，乳静脉明显，乳头大小、分布适中，见图6-3-10和图6-3-11。

图6-3-10　荷斯坦牛（1）

图6-3-11　荷斯坦牛（2）

3. 生产性能

成年公牛体重800~1 000 kg，成年母牛体重450~750 kg。头胎母牛305 d产奶量不低于5 000 kg，乳脂率不低于3.4%，乳蛋白率不低于2.9%；经产母牛305 d产奶量不低于6 000 kg，乳脂率不低于3.4%，乳蛋白率不低于2.9%。

（五）西门塔尔牛

1. 产地及分布

西门塔尔牛原产于瑞士，是世界上分布最广，数量最多的乳、肉、役兼用品种之一，西门塔尔牛被畜牧界誉为"全能牛"，以其良好的乳、肉、役三用性能突出而驰名。

2. 外形特征

体格高大，粗壮结实，牛体呈长方形，有角。毛色为黄白花或红白花，头尾及四肢为白色，皮肤粉红色。角较细而向外上方弯曲，尖端稍向上。颈长中等；体躯呈圆筒状，肌肉丰满；前躯较后躯发育好，胸深，尻宽平，四肢结实，大腿肌肉发达；乳房发育好，见图6-3-12~图6-3-14。

图6-3-12　西门塔尔牛（1）

图6-3-13　西门塔尔牛（2）

图6-3-14　西门塔尔牛（3）

3. 生产性能

西门塔尔牛乳、肉、役性能均佳。成年体重公牛800~1 200 kg，母牛650~800 kg。公犊日增重800~1 000 g。1.5岁活重440~480 kg，3.5岁活重公牛1 080 kg，母牛634 kg。产奶量3 500~4 000 kg，高产个体年产奶量达14 584 kg，乳脂率3.9%。肥育公牛屠宰率可达65%，母牛在半肥育状态下，屠宰率为53%~55%。

二、牛的品种识别方法

识别牛的品种，可以采用多种方法，包括外貌特征观察法、DNA检测法等。下面是一些常用的识别方法。

（一）外貌特征观察法

通过观察牛的外貌特征，如体型、毛色、角的形状等来进行品种识别。不同品种的牛通常具有独特的外貌特征，比如荷斯坦牛通常具有黑白相间的毛色，安格斯牛为纯黑色等。养殖者和兽医可以通过对牛的外貌特征进行观察来初步判断其品种。

（二）DNA检测法

将牛的DNA进行分子生物学检测，通过分析DNA序列的差异来进行品种鉴定。现代科技的发展使DNA检测成为一种准确可靠的牛品种识别方法。通过提取牛的DNA样本进行基因测序或对特定基因标记进行检测，可以确定牛的品种信息。

（三）耳标识别法

在一些养殖场中，饲养者会为牛群的每一头牛植入带有识别信息的电子耳标，可以通过扫描耳标上的信息来识别牛的品种和个体信息。

（四）饲养历史和地理分布

通过了解牛的饲养历史和地理分布情况，可以对牛的品种进行初步判断。不同品种的牛往往有其特定的饲养历史和地理分布范围，这些信息可以作为品种识别的重要参考。

实践操作

一、训练目标

学生能够观察和识别不同牛品种的外貌特征，并能够理解不同外貌特征与牛品种之间的关系。

二、课前准备

（1）联系当地养牛场。

（2）学生分组与任务确定。将学生分成四个小组，每个小组到一个养牛场，负责观察并记录该养牛场中牛的外貌特征，如体型、毛色、角的形状等品种识别。

三、方法步骤

（一）引入

介绍不同品种的牛的外貌特征，如毛色、体型、角的形状等，并展示相关图片或视频，让学生初步了解各种牛的外貌特征。

(二)实地考察

前往养牛场或农场,让学生实地观察各种牛的外貌特征,引导学生重点观察牛的毛色、角的形状、体型大小等特征,并记录下来。

(三)比较与分类

将观察到的牛的外貌特征进行比较和分类,学生可以通过笔记、绘画或摄影等方式记录牛的特征,并分类整理。

(四)小组讨论

将学生分成若干小组,彼此分享各自观察到的牛的外貌特征,并进行讨论,引导学生分析不同牛品种的外貌特征之间的联系和区别。

(五)总结与展示

每个小组准备一个展示报告,展示小组成员对不同牛品种外貌特征的观察结果和总结,可以通过图片、图表、实地观察记录等方式进行展示。

四、实习作业

(1)列表比较所识别牛品种的产地、经济类型、外貌特征和生产性能。

(2)撰写一份实验报告。

同步练习

基础知识练习

一、单项选择题

1.(　　)皮薄骨细,肉质细致,大理石状花纹明显,是生产高档牛肉的首选品种。
   A. 鲁西牛　　　　B. 秦川牛　　　　C. 西门塔尔牛　　　　D. 荷斯坦牛

2. 体型中等,体躯宽深,背腰平直、结合良好,后躯较发达,四肢端正结实,角、蹄以蜡黄色为主的牛是(　　)。
   A. 秦川牛　　　　B. 蜀宣花牛　　　　C. 西门塔尔牛　　　　D. 荷斯坦牛

3. 下列属于乳肉兼用型牛新品种的是(　　)。
   A. 秦川牛　　　　B. 鲁西牛　　　　C. 荷斯坦牛　　　　D. 蜀宣花牛

4. 被畜牧界誉为"全能牛",以其良好的乳、肉、役三用性能突出而驰名的牛品种是(　　)。
   A. 黑白花牛　　　B. 西门塔尔牛　　　C. 鲁西牛　　　　D. 秦川牛

5. 目前世界上产奶量最高的牛品种是(　　)。
   A. 西门塔尔牛　　B. 鲁西牛　　　　C. 荷斯坦牛　　　　D. 秦川牛

6. 多数牛的眼圈、口轮、腹下和四肢内侧毛色浅淡,俗称"三粉特征"的品种是(　　)。
   A. 黑白花牛　　　B. 鲁西牛　　　　C. 秦川牛　　　　D. 西门塔尔牛

7. 在国际市场上享有"山东膘牛"称誉的是(　　)。

A. 秦川牛　　　　　B. 荷斯坦牛　　　　　C. 蜀宣花牛　　　　　D. 鲁西牛

8. 我国著名的黄牛品种，因产于我国陕西省关中地区的"八百里秦川"而得名的是(　　)。

A. 荷斯坦牛　　　　B. 西门塔尔牛　　　　C. 鲁西牛　　　　　D. 秦川牛

9. 额部有白星，腹下、四肢下部及尾帚为白色的牛是(　　)。

A. 荷斯坦牛　　　　B. 西门塔尔牛　　　　C. 蜀宣花牛　　　　D. 秦川牛

10. 属于乳肉兼用型新品种的牛是(　　)。

A. 荷斯坦牛　　　　B. 西门塔尔牛　　　　C. 蜀宣花牛　　　　D. 秦川牛

11. 仔细观察下列图片，符合西门塔尔牛特征的是(　　)

12. 仔细观察下列图片，符合秦川牛特征的是(　　)。

二、多项选择题

1. 下列属于役肉兼用牛品种的有(　　)。

A. 荷斯坦牛　　　　B. 西门塔尔牛　　　　C. 秦川牛　　　　　D. 鲁西牛

2. 荷斯坦牛的外貌特征有(　　)。

A. 成年母牛体型呈三角形，后躯发达

B. 乳静脉粗大而多弯曲，乳房特别发达且结构良好

C. 体躯大，结构匀称，皮下脂肪少，被毛细短

D. 毛色为界限分明的黑白花片，额部多有白星，四肢下部、腹下和尾帚为白色

3. 下列关于鲁西牛的叙述，正确的有(　　)。

A. 为山东地方良种牛，以役肉兼用著称

B. 多数牛的眼圈、口轮、腹下和四肢内侧毛色浅淡，俗称"三粉特征"

C. 肉质细嫩，层次均匀，味道鲜美，为传统出口商品，在国际市场上享有"山东膘牛"称誉

D. 毛色有紫红、红、黄三种，以紫红和红色居多

4. 下列不属于乳肉兼用型牛品种的有(　　)。

A. 鲁西牛　　　　B. 秦川牛　　　　C. 西门塔尔牛　　　　D. 荷斯坦牛

5. 中国黑白花奶牛是(　　)杂交培育而成的。

A. 西门塔尔牛　　　B. 荷斯坦牛　　　C. 中国黄牛　　　D. 秦川牛

6. 下列不属于乳用型牛的有(　　)。

A. 西门塔尔牛　　　B. 荷斯坦牛　　　C. 鲁西牛　　　D. 秦川牛

7. 蜀宣花牛是以宣汉黄牛为母本，以(　　)为父本选育而成的乳肉兼用型牛新品种。

A. 西门塔尔牛　　　B. 荷斯坦乳用公牛　　　C. 中国黄牛　　　D. 鲁西牛

三、判断题(判断下列描述的正误，描述正确的在括号内填 A，错误的填 B)

(　　)1. 蜀宣花牛性情温顺，生长发育快，产奶和产肉性能较优。

(　　)2. 中国著名的地方役肉兼用牛品种，因"八百里秦川"而得名的是鲁西牛。

(　　)3. 鲁西牛后躯狭小，肌肉不够发达。

(　　)4. 荷斯坦牛毛色呈黑白斑块，是目前世界上产奶量最高、饲养数量最多的奶牛品种。

(　　)5. 原产于陕西关中地区的牛是秦川牛。

(　　)6. 中国黑白花奶牛是世界上产奶量最多的牛种。

(　　)7. 蜀宣花牛是以宣汉黄牛为父本，选用西门塔尔牛为母本培育而来。

(　　)8. 荷斯坦牛原产于瑞士，现已成为世界上分布最广、数量最多的乳、肉、役兼用品种之一。

(　　)9. 西门塔尔牛被毛有红白花或黄白花，一般为白头，身躯常有白色胸带，腹部、四肢下部、尾帚为白色。

(　　)10. 鲁西牛是我国中原黄牛四大品种之一，主要产自山西省。

技能训练

1. 分小组针对牛的品种进行讨论并归纳，作初步判定并说明理由。

2. 师生共同反复辨认各个品种，总结出每个品种牛的突出外貌特征、经济类型及主要生产性能。

3. 学生指出牛的品种名称、典型外貌特征、经济类型。

4. 学生描述秦川牛、鲁西牛、蜀宣花牛、荷斯坦牛、西门塔尔牛等常见品种的主要特征、产地和主要生产性能。

考核评价

牛的品种识别考核评价表

序号	考核项目	考核内容	得分标准	分值	得分
1	识别品种	牛的品种识别	识别牛的品种,每错1个扣5分	30	
2	特征描述	产地及特征特性介绍	产地及特征特性介绍不全扣1~4分,错误扣5分	30	
3	识别速度	在规定的时间内完成任务	没有在规定的时间内完成任务扣10分	10	
4	职业素养与操作规范	正确着装,做好工作前准备,遵守考场纪律	未穿实验服的扣2分;不按指定位置操作的扣3分;迟到30 min取消考核资格;不服从考评专家安排的该项计0分;凡有在实训室吃零食、抽烟等与技能操作无关的事项每次扣1分,本项分值扣完为止	4	
		遵守安全操作规程	有违安全用电、用火者每次扣2分;未按规定开关多媒体设备扣3分;扣完6分则整个任务判定为不合格	6	
		正确使用仪器设备(工具)	多媒体使用不正确的扣2分;造成仪器设备(工具)损坏的扣3分;造成安全事故的本大项记0分	4	
		保持操作台面及工位环境清洁卫生,所用工具摆放原处	未整理工位扣0.5分,未归原工具扣0.5分,本项分值扣完为止	2	
		团结协作	学习态度不端正,无法参与团队合作扣2分	2	
5	文档能力	报告单	未按时上交,扣8分;字迹不工整扣2分;报告体例不规范扣3分;报告内容不完整每缺一项扣1分,直至本项分值扣完为止	8	
		记录本	未按时上交扣4分;未记录扣4分;记录内容与本实验无关扣4分	4	
评价人员签名:			考核时间:		

知识拓展

农业农村部办公厅关于印发农业种质遗传资源保护与利用三年行动方案的通知(农办种〔2019〕15号)

各省、自治区、直辖市农业农村(农牧)厅(局、委)、畜牧兽医局和农业(农牧、农林)科学院,新疆生产建设兵团农业农村局、黑龙江省农垦总局,中国农业科学院:

　　为进一步加强农作物种质资源和畜禽遗传资源(统称农业种质遗传资源)的保护与利用,强化种质遗传资源对发展现代种业、推进农业高质量发展的基础性支撑作用,根据《乡村振兴战略规划(2018—2022年)》

《中央农村工作领导小组办公室 农业农村部关于做好2019年农业农村工作的实施意见》,我部组织编制了《农作物种质资源保护与利用三年行动方案》《畜禽遗传资源保护与利用三年行动方案》,现予以印发。请各地高度重视、认真谋划、统筹协调,根据行动方案的发展目标、重点工作和任务分工等,结合工作实际,抓紧制定具体落实方案,细化目标任务、工作举措,认真组织实施,确保取得实效。

农业农村部办公厅
2019年4月30日

附件:

畜禽遗传资源保护与利用三年行动方案

我国是世界上畜禽遗传资源最丰富的国家之一,畜禽遗传资源不仅是推动现代种业创新的物质基础,而且是维护生物多样性、国家生态安全和农业安全的重要战略资源,保护好利用好畜禽遗传资源意义重大。党的十八大以来,畜禽遗传资源保护与利用工作得到进一步加强,取得了明显成效,但也存在着保护能力仍显薄弱、支撑体系仍不健全、开发利用尚不充分等问题。为进一步提升畜禽遗传资源保护与利用水平,推动现代种业发展,助力乡村振兴战略实施,依据《乡村振兴战略规划(2018—2022年)》《全国畜禽遗传资源保护和利用"十三五"规划》,特制定2019—2021年畜禽遗传资源保护与利用行动方案。

一、总体要求

(一)基本思路

突出畜禽遗传资源保护基础性、公益性战略定位,以安全保护和有效开发为目标,按照以保为先、以用促保、保用结合的方针,坚持政府主导、社会参与,发挥企业作用,强化政策支持、科技支撑,创新分类分级保护体制机制,完善法制保障,强化责任落实,建立健全畜禽遗传资源保护、动态监测预警和种质评价体系,构建资源保护与利用良性互动、开发与创新融合发展的新格局。

(二)发展目标

健全原产地保护和异地保护相结合、活体保种和遗传材料保存相补充、主体场(库)和复份场(库)相配套、国家级和省级相衔接的畜禽遗传资源保护体系;建立物联网数据采集、互联网技术集成、大数据系统分析相统一的动态监测预警体系;完善表型与基因型鉴定、特异基因挖掘与种质创制、DNA特征库与实体库互补的种质评价利用体系。到2021年,畜禽地方品种得到全面有效保护,确保重点资源不丢失、种质特性不改变、经济性状不降低;以畜禽品种振兴行动为抓手,以地方品种为主要素材,自主培育一批畜禽新品种、新品系、配套系,打造一批以地方特色畜产品开发为主的龙头企业与特色品牌,地方品种产业化开发率达到60%。

二、重点工作

(一)加强畜禽遗传资源保护体系建设

健全畜禽遗传资源分类分级、动态保护机制,研究制定以群体数量、资源状况和开发利用潜力等为依据的地方品种保护分类分级标准。统筹安排国家级和省级畜禽遗传资源保护工作,加大地方品种保护力度。加强保种场(区、库)条件建设,对国家级畜禽遗传资源名录中未建保种场(区)的地方品种全面落实保种主体,改扩建一批保种场和国家级家畜基因库,建设国家级家畜基因库复份库,因地制宜建立大家畜、蜜蜂保护区和区域性基因库、复份保种场(库),加快省级畜禽遗传资源保种场(区、库)建设,提高资源安全水平和保种效率。

(二)加强畜禽遗传材料保存

创新畜禽遗传资源保护的方法与技术,科学开展畜禽地方品种种质特性评价与分析。充分应用现代生物技术,加强家畜地方品种精液、胚胎、体细胞、干细胞等遗传材料采集与超低温冷冻长期保存,定期开展冷冻保存效果评价;加快地方猪遗传材料采集、超低温保存工作,力争做到应保尽保。

(三)健全畜禽遗传资源监测预警体系

搭建全国统一的畜禽遗传资源动态监测预警平台,对接种业大数据平台,应用物联网、互联网、大数据技术,加快国家级和省级畜禽保种场(区、库)及遗传资源信息上图入库,全面监控分析资源数据,掌握资源动态变化,及时发布预警信息,提高畜禽遗传资源保护数据化、信息化、智能化水平。

(四)加快畜禽遗传资源开发利用

强化遗传资源表型与基因型深度鉴定、特异基因挖掘与种质创制,拓宽育种遗传基础。以市场需求为导向,以企业为主体,产学研用相结合,加大地方品种商业化培育力度,加快地方品种产业化开发,挖掘地方品种文化内涵,打造特色品牌,满足特色化、优质化、多元化消费需求。

(五)开展藏区畜禽遗传资源调查

在西藏、甘肃、青海、新疆、云南、四川6省(区)青藏高原区域开展畜禽遗传资源调查与鉴定评价,查清该区域牛、马、羊、猪、鸡、蜜蜂等畜禽的数量、分布、特征特性等,摸清资源家底。

三、任务分工及进度安排

农业农村部种业管理司负责总体统筹协调,省级农业农村主管部门负责本辖区内畜禽遗传资源管理工作;全国畜牧总站牵头组织实施,中国农业科学院相关专业研究所等科研教学单位以及国家级畜禽遗传资源保种场(区、库)、地县农业农村部门、各级种业管理系统等通力协作、密切配合,全面做好畜禽遗传资源保护、监测预警、开发利用以及藏区遗传资源调查等工作。

(一)畜禽遗传资源保护体系建设

2019年,加快大足黑山羊、岔口驿马等国家级畜禽遗传资源保种场、保护区建设,谋划改扩建、新建国家级家畜基因库、复份库以及1~2个区域性基因库。各地加快省级畜禽遗传资源保种场(区、库)建设。

2020年,建设7个以上国家级畜禽遗传资源保种场、保护区、复份保种场(库),推进国家级家畜基因库、复份库、区域性基因库改扩建、新建。各地加快省级畜禽遗传资源保种场(区、库)建设。

2021年,建设9个以上国家级畜禽遗传资源保种场、保护区、复份保种场(库),继续推进国家级家畜基因库、复份库、区域性基因库改扩建、新建,以及省级畜禽遗传资源保种场(区、库)建设。

(二)畜禽遗传材料保存

2019年,采集40个以上国家级地方猪等保护品种的体细胞、精液、胚胎等遗传材料,分批入国家级家畜基因库超低温冷冻保存。各地做好省级地方品种遗传材料采集保存工作。

2020年,采集牛、羊、鹿等10个以上地方品种的精液、胚胎、体细胞等遗传材料,入国家级家畜基因库超低温冷冻保存。各地做好省级地方品种遗传材料采集保存工作。

2021年,采集牛、羊、马、兔等10个以上地方品种的精液、胚胎、体细胞等遗传材料,入国家级家畜基因库超低温冷冻保存。各地做好省级地方品种遗传材料采集保存工作。

(三)畜禽遗传资源监测预警体系建设

2019年,制定国家畜禽遗传资源动态监测预警系统建设方案,搭建全国统一的畜禽遗传资源动态监测预警平台。

2020年,试运行国家畜禽遗传资源动态监测预警系统,对接种业大数据平台,试行发布预警信息。

2021年，全面运行国家畜禽遗传资源动态监测预警系统，适时发布预警信息。

（四）畜禽遗传资源开发利用

2019年，以畜禽品种振兴行动为抓手，加大地方品种商业化培育力度，推进地方品种产业化开发。

2020—2021年，以畜禽品种振兴行动为抓手，持续开展地方品种商业化培育，地方品种产业化开发取得显著进展。

（五）藏区畜禽遗传资源调查

2019年，制定印发藏区畜禽遗传资源调查实施方案和技术规范，举办调查培训，开展牛、马、羊、猪、鸡、蜜蜂等畜种调查及鉴定评价。

2020年，全面开展畜禽遗传资源鉴定评价和数据分析等工作。

2021年，完成调查工作，形成调查报告，开展新发现遗传资源鉴定，发布公告。

四、保障措施

（一）提高思想认识，加强组织领导

要深入学习贯彻习近平总书记关于种业发展的重要指示精神，强化畜禽遗传资源基础性、公益性的战略定位。各地要明晰地方政府保护畜禽遗传资源的属地责任，明确省级畜禽遗传资源保种场（区、库）的主体责任，创新体制机制，强化政策支撑，加大投入力度，加强统筹协调，为畜禽遗传资源保护与利用工作提供强有力的组织保障。

（二）坚持依法保护，完善顶层设计

贯彻落实《中华人民共和国畜牧法》，深化畜禽遗传资源保护制度改革与创新，加快修订完善《畜禽遗传资源保种场保护区和基因库管理办法》《国家级畜禽遗传资源保护名录》等配套法规，健全分类分级保护机制，完善保种场、保护区和基因库综合考核评价机制、表彰机制，确保畜禽遗传资源保护与利用依法有序、高效推进。

（三）创新体制机制，提升保护水平

会同有关部门研究出台《关于加强农业遗传资源保护与利用工作的意见》，强化种质资源保护与管理。发挥国家畜禽遗传资源委员会作用，建立保种场（区、库）和专家组一对一的技术服务机制，稳步提升保种工作的专业技术水平。各地要推动建立省级主管部门、地方政府、保种场三方协议资源保护联合协作机制，探索开展资源保护保险试点，支持社会资本参与资源保护利用，健全多元化投融资机制。

（四）强化宣传引导，营造良好氛围

各地要深入挖掘畜禽遗传资源保护与利用工作的先进人物、典型事迹、重大成就与成效等，充分发挥主流媒体、新兴媒体作用，加大宣传力度，举办畜禽遗传资源主题文化活动，鼓励社会公众、专家学者、专业人员参与畜禽遗传资源保护与利用科普宣传，提高公众参与意识，争取广泛支持，提升地方特色品种文化品牌影响力、社会影响力。

资料来源：http://www.zys.moa.gov.cn/zcwj/202008/t20200821_6350658.htm

开启农业种质资源保护与利用新篇章
——农业农村部负责人解读《国务院办公厅关于加强农业种质资源保护与利用的意见》

2020年2月11日，《国务院办公厅关于加强农业种质资源保护与利用的意见》（以下简称《意见》）正式印发。农业农村部负责人接受记者采访，围绕《意见》出台的背景意义、提出的新要求、如何贯彻落实等相关问题进行解读。

问：农业种质资源在保障粮食安全、农产品供给、促进社会经济发展等方面起到了什么作用？我国农业种质资源保护与利用的现状如何？

答：作物、畜禽、水产、农业微生物等农业种质资源是新品种选育的基础，是遗传信息由上一代传给下一代的载体，是人类生存不可或缺的重要资源之一。我国农业历史悠久，种质资源极为丰富，这些资源是我国乃至世界最为重要的农业遗产。中华人民共和国成立以来，农业种质资源得到有效开发利用，农业品种不断推陈出新，农业科技持续进步，粮食单产屡创新高。农业种质资源的作用主要体现在三个方面：一是保障国家粮食安全的基础作用。我国粮食单产较1949年净增4.6倍，畜禽、水产品产量长期居世界首位，主要得益于品种的持续更新换代，而突破性品种的成功培育与推广，无不来源于优异种质资源的挖掘利用。二是农业科技创新的源头作用。纵观国内外农业史，每次绿色革命的突破，都源于对种质资源的发掘利用。我国梅山猪等地方品种为全球生猪繁殖性能的整体提高做出了重大贡献，文昌鸡、清远麻鸡等地方种的挖掘利用，则孕育了我国独特的黄羽肉鸡产业。目前，良种在我国农业增产中的贡献率达45%以上。三是传承中华农耕文明的载体作用。人类社会发展史也是一部农耕文明的传承史。中华民族发现、驯化、培育了大量的农业种质资源，这些有生命的、活态的、可延续的种质资源，在传承中华农耕文明、推动人类社会发展的过程中发挥了不可替代的作用。

党的十八大以来，我国农业种质资源保护与利用工作取得积极成效。一是资源总量持续增加。我国长期保存的作物资源超过51万份、畜禽地方种560多个、水产种质资源近2万种、微生物资源23万多份，位居世界前列。2015年，国家启动了第三次全国农作物种质资源普查与收集行动，新收集资源5.2万多份。二是保护体系初步构建。逐步建立了长期库、中期库、保种场、保护区、基因库相配套，国家级和省级相衔接的农业种质资源保护体系；国家作物种质库新库建设全面启动。三是开发利用成效明显。通过对种质资源的鉴定评价、发掘创制，培育推广了一大批突破性新品种，我国农作物自主品种占95%以上，畜禽核心种源自给率达70%以上，水产、农业微生物产品均以自主品种、自主资源为主。天津小站稻、浙江金华猪等一批古老地方品种在推进区域特色产业发展、打造特色品牌、助力乡村振兴等方面发挥了重要作用。据不完全统计，近五年，通过农作物种质资源鉴定、评价与利用，支撑产生国家科技类奖项超过12项，每年新增经济效益200多亿元。

我国虽然是种质资源大国，但还不是种质资源强国。近年来，我国农业种质资源面临的挑战越来越严峻，加强保护与利用的紧迫性越来越强烈。主要面临的挑战有三：一是资源消失风险加剧。自然生态下的农业种质资源种类与数量显著减少，交通便利地区作物野生近缘植物消失速度加快，一些畜禽地方品种、近海和流域的野生水生生物资源数量呈下降趋势，亟须抢救性保护。二是开发利用不充分。通过表型与基因型精准鉴定、应用于育种创新的农业种质资源不到10%，大多数资源尚未被开发利用，已开发的也多停留在初级阶段，资源优势还没有有效转化为产业优势。三是保护体系与配套政策不完善。国家统筹、分级负责的保护体系尚未建立，资源保护成本持续增加，保护主体动力不足；种质资源保护科技人员待遇低、职称晋升难，流失严重，队伍不稳。

问：近年来，我国围绕现代种业发展出台过一些文件，与以往文件相比，《意见》中有哪些新要求？

答：近年来，国务院先后出台了一系列支持现代种业发展的政策文件，有力地强化了种业的国家基础性、战略性核心产业地位。此次《意见》是中华人民共和国成立以来首个专门聚焦农业种质资源保护与利用的重要文件，开启了农业种质资源保护与利用的新篇章。应该说，《意见》是一个既管当前又管长远的历史性、纲领性文件，具有里程碑意义。

第一，实现了"四个首次明确"。一是首次明确了农业种质资源保护的基础性、公益性、战略性、长期性定位。二是首次明确了保护优先、政府主导、多元参与、高效利用的农业种质资源保护与利用基本原则。三是首次明确了责任主体,即主管部门的管理责任、市县政府的属地责任和农业种质资源保护单位的主体责任。四是首次明确了农业种质资源实施国家和省级两级管理,建立国家统筹、分级负责、有机衔接的保护机制。

第二,确立了"四大核心任务"。一是通过开展系统收集保护,实现应保尽保。二是通过搭建种质资源鉴定评价与基因发掘平台、建立鉴定评价体系,强化鉴定评价。三是通过创新保护机制、确定保护单位、开展农业种质资源登记、建设全国统一的农业种质资源大数据平台,健全保护体系。四是通过实施优异种质资源创制与应用行动、建立国家农业种质资源共享利用交易平台等,推进多元化开发利用。

第三,出台了"四大含金量高的政策"。在人才队伍建设方面,提出对种质资源保护科技人员绩效工资给予适当倾斜,可在政策允许的项目中提取间接经费;对种质资源保护科技人员实行同行评价,收集保护、鉴定评价等基础性工作可作为职称评定的依据;在用地管理方面,要求地方政府合理安排种质资源库(圃、场、区)用地,不得擅自、超范围划定禁养区。在财政保障方面,规定中央和地方有关部门可通过现有资金渠道,统筹支持资源保护工作;现代种业提升工程、国家重点研发计划、国家科技重大专项等也要加大支持力度。在激励机制方面,明确对有突出贡献的单位和个人给予表彰奖励。

第四,提出了"四方面更高标准要求"。《意见》规定,将农业种质资源保护与利用工作纳入政府相关工作考核;审计机关对政策落实情况依法进行审计监督;对造成资源流失、灭绝等严重后果的,要依法依规追究有关单位和人员责任;经公共财政支持的相关单位,要在农业种质资源管理部门监督下落实好种质资源科研项目成果与信息汇交机制。

问:目前,种质资源保护主要依靠各级政府、有关部门及科研院校,如何调动全社会力量,让更多农民、社会组织参与到资源保护工作中?

答:农业种质资源保护是一项系统工程,涉及部门多、主体多,需要全社会的广泛参与和支持。很多古老的地方品种、特色资源都是在老百姓家的房前屋后、田间地头和深山老林里得以保护和延续。一些地方品种的濒危、珍稀程度不亚于大熊猫。让更多的农民、社会组织都参与到资源保护工作中很有必要。下一步,我们将从四个方面做好工作。

一是提高公众认知。大力开展科普宣传与科学教育,充分利用网络、报刊、电视、广播等媒体,通过系列科教片、报刊、科普读物等方式,开展视频展演和讲座宣传等活动,引导社会团体和基层群众关心、支持、参与这项工作。

二是鼓励公众参与。在农业种质资源普查与收集过程中,同步开展相关传统知识调查、搜集、整理与保护,鼓励企业、社会组织承担农业种质资源保护任务,鼓励支持个人、社会组织、企业等登记其保存的农业种质资源,对国家资源库(场、区、圃)没有收集保存的资源,颁发鉴定证书,形成资源大保护的良好氛围。同时,加快建立农业种质资源保护表彰奖励机制,对做出突出贡献的单位和个人给予表彰奖励,激发群众参与资源保护的积极性和主动性。

三是完善市场机制。加快国家农业种质资源共享利用交易平台建设,支持创新种质上市公开交易、作价到企业投资入股,支持种畜竞争性拍卖等活动,完善资源登记、交流共享、产业化开发有机衔接的利益联结机制和市场化运行机制,实现以用促保,增加参与资源保护和利用的获得感。

四是挖掘资源文化。围绕乡村振兴等国家重大战略,探索公众参与农业种质资源保护与利用的新模式。鼓励具有典型民族传统文化特征的农业种质资源,依法申请商标、地理标志产品保护和重要农业文化遗产等,实现农业种质资源在持续利用中得到更好保护。

问:《意见》提出,要组织开展农业种质资源登记,这是基于什么考虑?未来如何开展这项工作?

答:目前,我国还有大量的农业种质资源分散在企业、科研院所、高等院校、社会组织和个人手中,由于缺乏全国统一的种质资源登记和身份信息管理系统,带来了不少问题。一是资源家底不清。

谁有什么资源、总量有多少不明晰。二是种质资源保护与利用效率不高。一些资源重复保存，交流不畅，浪费人力、物力、财力，一些优异种质"深藏闺中"，得不到有效保护和充分共享利用。三是新创制优异种质信息不明。无法有效保护创制人合法权益，不利于激发种质资源创新的原动力。今后，将重点从四个方面来推动这项工作。

一是制定登记实施方案。农业农村部将在深入调研、广泛征求意见的基础上，统筹制定全国统一的农业种质资源登记实施方案，明确登记主体、登记范围、登记内容、登记流程、主要举措以及监督管理等。国家和省级农业农村主管部门将根据实施方案要求，分类分层次科学确定农业种质资源保护单位。农业种质资源登记工作优先从确定的保护单位展开，再逐步向科研院所、高等院校、企业、社会组织和个人等延伸。

二是编制登记标准规范。组织编制农业种质资源登记标准总则，并根据作物、畜禽、水产、农业微生物种质资源等不同类型资源的特点，分物种编制登记技术规范，统分结合，保障登记工作的科学性、规范性。

三是构建登记信息系统。研发农业种质资源登记信息系统，构建全国统一的农业种质资源大数据平台，实现登记用户注册、资源身份信息登记填报、资源身份信息查询和统计分析、登记资源发布共享等功能的数字化、信息化。

四是鼓励创新与共享利用。我们支持企业、科研院所及其他社会组织等对其保存的农业种质资源进行登记，并开展有条件共享和服务，鼓励农业种质资源保护单位开展资源创新和技术服务，国家将建立农业种质资源共享利用交易平台，通过健全创新种质权益保护机制与身份信息追溯机制、加强权益保护和侵权监管等举措，支持创新种质上市公开交易、作价到企业投资入股，激发种质资源保护与创新活力。

问：下一步，农业农村部将采取哪些具体措施，来推动《意见》的落实？

答：一是全面部署。按照工作统一部署，我们将适时召开视频会议，学习贯彻落实《意见》精神，部署加强农业种质资源保护与利用工作。同时，在现代种业发展部际协调组基础上，强化部门间协调配合，明确各地各相关部门职责分工，制定和完善具体政策措施，狠抓推进落实。

二是规划引领。农业农村部、各省级农业农村厅（委、局）要按照《意见》要求，结合各地实际，及时牵头制定农业种质资源保护与利用发展规划，细化目标任务、工作举措、扶持政策等，强化规划引领，切实将《意见》的各项要求落到实处。

三是宣传解读。我们将进一步加大宣传力度，通过刊发《意见》全文、专家系列解读等方式进行宣传，及时回应社会关切，营造良好氛围，同时探索开展种质资源保护宣传周、种质资源保护记者行等活动。

四是突出重点。今年将以农业种质资源普查与收集、保护单位确认挂牌、农业种质资源登记、农业种质资源和信息汇交、农业种质资源保护与利用发展规划制定、农业种质资源精准鉴定评价和创新种质交易平台构建等工作为重点，有序推进《意见》的全面贯彻落实。

五是夯实责任。农业农村部将牵头细化落实《意见》的时间表、路线图，及时出台实施方案，会同有关部门对落实情况进行督查调度，对工作推进不力、责任落实不到位的地区、单位和个人要进行约谈诫勉、通报批评或问责追责，并定期向国务院报告工作进展，确保《意见》确定的各项目标任务落到实处。

资料来源：http://www.moa.gov.cn/xw/zwdt/202002/t20200211_6336906.htm

项目练习

基础知识练习

一、单项选择题

1. 冠、肉垂、脸、耳叶均呈红色，喙和胫呈黄色的鸡品种是( )。
   A. 固始鸡　　　　　　B. 北京油鸡　　　　　　C. 旧院黑鸡　　　　　　D. 文昌鸡

2. 具有"十大"特征的鸡品种是( )。
   A. 仙居鸡　　　　　　B. 茶花鸡　　　　　　　C. 藏鸡　　　　　　　　D. 丝羽乌骨鸡

3. 原产于河南省固始县，是中国国家地理标志产品，也是中国著名的地方优良鸡种的鸡是( )。
   A. 旧院黑鸡　　　　　B. 茶花鸡　　　　　　　C. 固始鸡　　　　　　　D. 来航鸡

4. 被中科院命名为"世界稀有，中国独有，万源特有"，素有"生命之源绿色食品"之美称的鸡品种是( )。
   A. 旧院黑鸡　　　　　B. 文昌鸡　　　　　　　C. 北京油鸡　　　　　　D. 艾维茵肉鸡

5. 具有头小、脚小、颈小"三小"和颈短、脚短"二短"两个特征的鸡品种是( )。
   A. 北京油鸡　　　　　B. 旧院黑鸡　　　　　　C. 白来航鸡　　　　　　D. 文昌鸡

6. 在国家农业部的权威典籍《中国家禽品种志》一书中，排名首位的地方良种鸡是( )。
   A. 艾维茵肉鸡　　　　B. 茶花鸡　　　　　　　C. 仙居鸡　　　　　　　D. 来航鸡

7. 世界八大优良种猪之一，现已成为我国养猪业推广面积最大、最具有影响力的地方猪品种是( )。
   A. 藏猪　　　　　　　B. 内江猪　　　　　　　C. 成华猪　　　　　　　D. 荣昌猪

8. 全身被毛黑色，品种内有"狮子头""二方头""毫杆嘴"之分的猪品种是( )。
   A. 杜洛克猪　　　　　B. 二花脸猪　　　　　　C. 藏猪　　　　　　　　D. 内江猪

9. 产仔多，在中国被视为"猪中之国宝"的猪品种是( )。
   A. 成华猪　　　　　　B. 大白猪　　　　　　　C. 二花脸猪　　　　　　D. 荣昌猪

10. 2013年5月27日，报道称最适合做回锅肉的( )已濒临灭绝。
    A. 大白猪　　　　　　B. 成华猪　　　　　　　C. 内江猪　　　　　　　D. 荣昌猪

11. 能大幅提高商品代的胴体瘦肉率的商品肉猪父本是( )。
    A. 杜洛克猪　　　　　B. 大白猪　　　　　　　C. 长白猪　　　　　　　D. 皮特兰猪

12. 因产于我国陕西省关中地区的"八百里秦川"而著名的黄牛品种是( )。
    A. 秦川牛　　　　　　B. 西门塔尔牛　　　　　C. 荷斯坦牛　　　　　　D. 鲁西牛

13. 多数牛的眼圈、口轮、腹下至四肢内侧毛色浅淡，俗称"三粉特征"的是( )。
    A. 西门塔尔牛　　　　B. 荷斯坦牛　　　　　　C. 鲁西牛　　　　　　　D. 蜀宣花牛

14. 被畜牧界誉为"全能牛"，以其良好的乳、肉、役三用性能突出而驰名的牛品种是( )。
    A. 西门塔尔牛　　　　B. 秦川牛　　　　　　　C. 荷斯坦牛　　　　　　D. 鲁西牛

15. 血统来源清楚，遗传性能稳定，性情温顺的牛品种是( )。
    A. 秦川牛　　　　　　B. 鲁西牛　　　　　　　C. 荷斯坦牛　　　　　　D. 蜀宣花牛

二、多项选择题

1. 北京油鸡外貌特征中的"三羽"是指( )。
   A. 凤头　　　　　　　B. 毛腿　　　　　　　　C. 胡子嘴　　　　　　　D. 五趾

2. 固始鸡的天然防伪标志有(   )。
   A. 青腿   B. 乌皮   C. 青脚   D. 青喙
3. 除两眼四周或头部有大小不等的黑斑外，绝大部分荣昌猪全身被毛均为白色，少数在尾根及体躯出现黑斑。群众按毛色特征分别称其为(   )。
   A. 金架眼   B. 飞花   C. 黑眼膛   D. 洋眼
4. 秦川牛是中国著名的大型役肉兼用品种牛，其外貌特征有(   )。
   A. 体格高大   B. 体质结实   C. 结构匀称   D. 肌肉发达

三、判断题(判断下列描述的正误，描述正确的在括号内填A，错误的填B)
(   )1. 每天凌晨三四点钟，公茶花鸡便开始啼鸣，一呼百应，声音尖细、急促，最后一个音节短促，戛然而止，称为茶花两朵。
(   )2. 藏鸡体型呈U字形，是低海拔地区养禽业中的当家品种。
(   )3. 胸腿部肌肉发达，具有增重快、成活率高、饲料报酬高等优良特点的鸡品种是来航鸡。
(   )4. 长白猪被毛黑色，以颈肩部(包括前肢)有一白色环带为特征。故又称"白带猪"。
(   )5. 冬季密生绒毛，夏季毛稀而短，棕毛特别发达的猪品种是藏猪。
(   )6. 杜洛克猪广泛分布于世界各国，并已成为中国杂交组合中的主要父本品种之一，用以生产商品瘦肉猪。
(   )7. 世界著名的瘦肉型猪种，又名兰德瑞斯，原产于丹麦的猪品种是大白猪。
(   )8. 荷斯坦牛毛色呈黑白斑块，是目前世界上产奶量最高、饲养数量最多的奶牛品种。
(   )9. 在国际市场上享有"山东腜牛"称誉的是秦川牛。

技能训练

1. 通过图片识别鸡、猪、牛品种，每正确识别1个得3分。
2. 描述鸡、猪、牛常见品种的产地及分布，每正确描述1个得3分。

项目七 畜禽器官识别

训练目标

一、知识目标

1. 掌握猪的胃、小肠、大肠、肝脏、喉、气管、肺、肾、膀胱、睾丸、卵巢、子宫、心脏、脾脏等器官的位置、形态、结构和功能；

2. 掌握鸡的嗉囊、胃、小肠、大肠、肝脏、喉、气管、肺、肾、睾丸、卵巢、心脏、脾脏等器官的位置、形态、结构和功能。

二、能力目标

1. 能正确识别猪、鸡的常见器官；
2. 能正确判定猪、鸡常见器官的所属系统。

三、素质目标

1. 具备严谨的实验态度；
2. 培养珍爱生命、敬畏生命的价值观；
3. 具有积极健康的生活态度。

考纲要求

一、技能考点

1. 能正确识别鸡/猪的胃、小肠、大肠、肝脏、喉、气管、肺、肾、睾丸、卵巢、心脏、脾脏及鸡嗉囊、猪膀胱、猪子宫15个器官；

2. 能正确判定鸡/猪的胃、小肠、大肠、肝脏、喉、气管、肺、肾、睾丸、卵巢、心脏、脾脏及鸡嗉囊、猪膀胱、猪子宫15个器官的所属系统。

二、职业素养

1. 了解整体观的概念与意义；
2. 了解解剖与珍爱生命的关系。

任务1 猪的器官识别

基础知识

一、胃

1. 结构

猪胃的胃壁由内向外分为4层,即黏膜、黏膜下层、肌层和浆膜(外层)。根据有无腺体可分为有腺部和无腺部,有腺部根据其位置、颜色和腺体的不同又分为贲门腺区、幽门腺区和胃底腺区。

2. 位置

猪胃为单室混合胃,横卧于腹腔前部,是消化管的膨大部位。前端以贲门接食管,后端以幽门与十二指肠相通。

3. 形态特征

多呈弯曲的椭圆形囊,见图7-1-1。

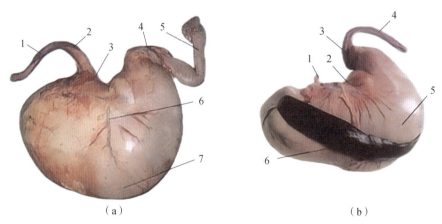

图7-1-1 猪胃

图(a):1—食管;2—贲门;3—胃小弯;4—幽门;5—十二指肠;6—胃血管;7—胃大弯;

图(b):1—食管;2—胃小弯;3—幽门;4—十二指肠;5—胃;6—脾

4. 功能

猪的胃有暂时储存食物、分泌胃液、进行初步消化等功能。

5. 所属系统

消化系统。

二、肠

(一)小肠

1. 结构

小肠是消化管的最长部位(成年猪的小肠长度为15~21 m),前接胃的幽门,后以回盲口通盲肠,按顺序依次为十二指肠、空肠和回肠。

2. 位置

(1)十二指肠。

十二指肠位于右季肋区和肋襞区(腰部),系膜短,位置比较固定。

(2)空肠。

空肠大部分位于腹腔右半部、结肠圆锥右侧。

(3)回肠。

回肠短直而壁厚,向前上方延伸,以回盲韧带为识别标志。

3. 形态特征

(1)十二指肠。

十二指肠长40～90 cm,可分为三部分:由幽门起始,向上至肝门为前部;然后在右肾和结肠之间向后至右肾后端腹侧为降部;再越过中线折转向前移行为升部,最后到右季肋区与空肠相连接。总胆管开口在距幽门2～5 cm处,胰管开口距幽门约10 cm。

(2)空肠。

空肠是小肠中最长的一段(14～19 m),形成许多肠袢。

(3)回肠。

回肠短而直,0.7～1 m,在左腹股沟部与空肠相连接,末端开口于盲肠和结肠交界处的腹侧,末端突入盲肠内,形成回肠乳头(回盲瓣),见图7-1-2和图7-1-3。

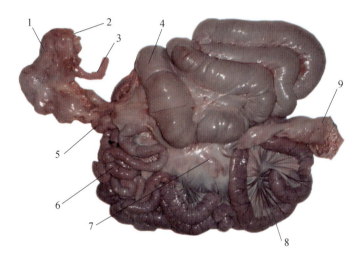

图7-1-2 猪小肠的构成

1—胃;2—胃憩室;3—食管;4—结肠;5—十二指肠;6—空肠;7—肠系膜淋巴结;8—肠系膜;9—直肠

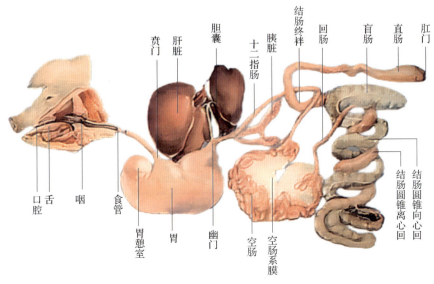

图7-1-3 猪的消化系统

4. 消化管结构

猪的小肠肠壁基本符合管腔器官的一般结构,也分为黏膜、黏膜下层、肌层和外膜(浆膜)四层。突出特征是黏膜层具有肠绒毛,见图 7-1-4。

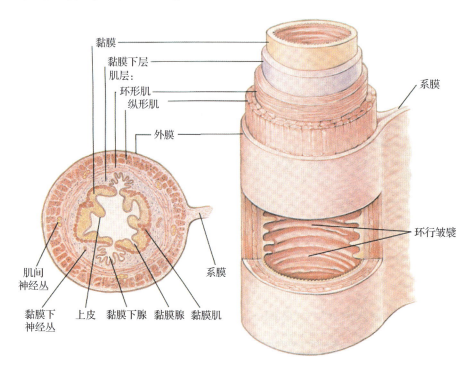

图 7-1-4 消化管结构

5. 功能

除运输功能以外,小肠也是食物进行消化吸收的最主要部位,蛋白质、脂肪、糖等营养物质几乎均在此吸收。小肠中的消化以消化酶参与的化学消化为主,以机械性消化为辅。

6. 所属系统

消化系统。

(二)大肠

1. 结构

大肠短而粗,成年猪的大肠长 3.5~6 m,前接回肠,后通肛门,包括盲肠、结肠、直肠三段,肠腔宽大,黏膜平滑无肠绒毛。

2. 位置

(1)盲肠。

盲肠位于左髂部(左腹外侧区),盲端朝向后下方,伸达骨盆前口附近。

(2)结肠。

结肠位于腹腔左侧,胃的后方。

(3)直肠。

直肠位于骨盆腔内。

3. 形态特征

(1)盲肠。

盲肠短而粗,呈圆锥状,盲端钝圆,长 20~30 cm。肠壁有 3 条肠带和 3 列肠袋,见图 7-1-5。

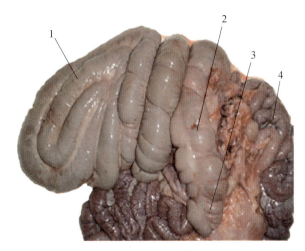

图 7-1-5 猪大肠的构造（1）
1—结肠；2—盲肠；3—盲肠尖；4—回肠

（2）结肠。

结肠是圆锥状双重螺旋盘曲，分为向心曲和离心曲两段，向心曲口径粗大，离心曲口径较细小，见图 7-1-6。

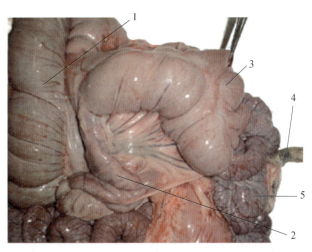

图 7-1-6 猪大肠的构造（2）
1—结肠；2—回肠；3—盲肠；4—直肠；5—空肠

（3）直肠。

短而直，起始部末端与结肠末端相同，扩张时中部膨大可形成直肠壶腹。

4. 功能

大肠的功能是吸收水分、维生素、电解质，消化粗纤维，形成并排出粪便。

5. 所属系统

消化系统。

三、肝脏

1. 结构

肝脏前面隆起，称为膈面，有后腔静脉通过；后面凹陷，称为脏面，中央有肝门。门静脉、肝动脉、肝神经由此入肝，而胆管、淋巴管由此出肝。家畜除马属动物外，都有胆囊。肝背缘较钝，有食管切迹，是食管通过的地方；腹缘较锐，有较深的切迹将肝分为若干叶。一般以胆囊和圆韧带为标志，将肝分为左、中、右三叶；其中中叶又以肝门为界，分为背侧的尾叶和腹侧的方叶。

2. 位置

猪肝脏位于膈后，季肋部和剑状软骨部，略偏右侧。

3. 形态特征

肝是体内最大的腺体。猪肝较发达，重 1~2.4 kg，占体重的 1.5%~2.5%，红褐色，呈不规则的扁圆形，中央厚而边缘薄锐，分叶明显，有胆囊，见图 7-1-7 和图 7-1-8。

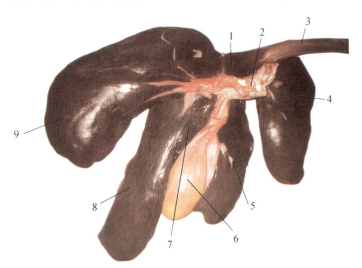

图 7-1-7　猪的肝脏

1—尾叶；2—肝动脉；3—肝静脉；4—右外叶；5—右内叶；6—胆囊；7—方叶；8—左内叶；9—左外叶

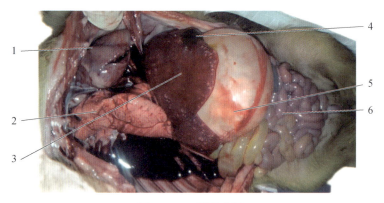

图 7-1-8　猪的内脏

1—心脏；2—肺；3—肝脏；4—胆囊；5—胃；6—空肠

4. 功能

肝不仅能分泌胆汁参与消化，还是体内的代谢中心，体内很多代谢过程都需在肝内完成。此外，肝还具有造血、解毒、排泄、防御等功能。

5. 所属系统

消化系统。

四、气管、喉

1. 结构

(1)气管。

气管由一连串"C"形气管软骨环连接而成。

(2)喉。

喉由喉软骨、喉肌、喉黏膜构成。

2. 位置

(1)气管。

气管位于颈、胸椎腹侧,前端接喉,后端进入胸腔,在心基上方分出三支支气管,为右尖叶支气管和左、右支气管。

(2)喉。

喉位于下颌间隙后方、头颈交界的腹侧,前方通咽和鼻腔,后接气管。

3. 形态特征

(1)气管。

气管呈圆筒状,见图7-1-9。

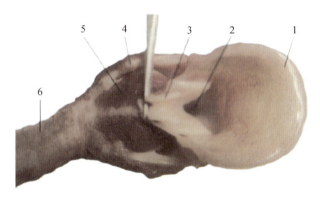

图7-1-9 猪后头背侧观

1—会厌软骨;2—喉口;3—杓状软骨;4—甲状软骨;5—喉肌;6—气管

(2)喉。

喉较长,以喉软骨构成喉的支架,见图7-1-10。

4. 功能

(1)气管。

气管是空气进出肺的通道。

(2)喉。

喉是呼吸通道、发声器官。

5. 所属系统

呼吸系统。

图7-1-10 喉、气管、支气管

1—喉;2—食管;3—气管;4—支气管

五、肺

1. 结构

猪的肺可分为七叶,即左尖叶、左心叶、左膈叶、右尖叶、右心叶、右膈叶和副叶,两肺都有三个面(肋面、纵膈面、膈面)和三个缘(背缘、后缘和腹缘)。

2. 位置

肺位于胸腔内、纵膈两侧，心脏两旁，左右各一。

3. 形态特征

猪的肺呈粉红色，右肺略大于左肺，富有弹性，见图7-1-11。

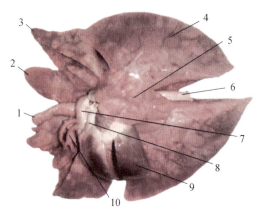

图7-1-11 猪肺腹侧观

1—气管；2—尖叶；3—心叶；4—膈叶；5—副叶；6—主动脉；7—主动脉弓；8—肺动脉；9—心脏；10—肾头动脉

4. 功能

肺脏是气体交换的场所。

5. 所属系统

呼吸系统。

六、肾

1. 结构

猪肾为表面光滑的多乳头肾。肾的内侧中部凹陷称肾门，肾门向肾的深部扩大成腔隙，称肾窦。肾的浅层为皮质，呈红褐色。髓质位于深部，颜色较浅。髓质由许多圆锥形的肾椎体构成，见图7-1-12。

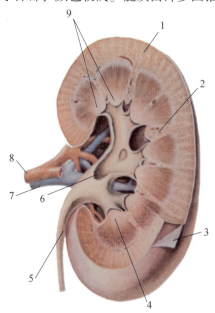

图7-1-12 肾的基本构造

1—皮质；2—肾柱；3—肾包膜；4—肾小盏；5—输尿管；6—肾盂；7—静脉；8—动脉；9—肾乳头

2. 位置
两肾位置对称，均位于最后胸椎及前 3 腰椎横突腹面两侧。

3. 形态特征
猪肾呈棕黄色，左右肾均呈豆形，较长扁，两端略尖，见图 7-1-13 和图 7-1-14。

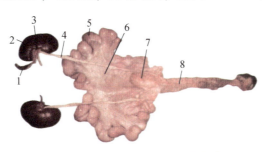

图 7-1-13　母猪泌尿、生殖器官腹侧

1—肾上腺；2—肾；3—肾门；4—输尿管；5—子宫角；6—子宫阔韧带；7—膀胱；8—尿道

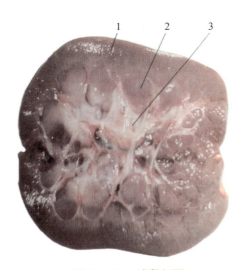

图 7-1-14　猪肾剖面

1—肾皮质部；2—肾髓质部；3—肾盂

4. 功能
肾是主要的泌尿器官，主要作用是生成尿液。

5. 所属系统
泌尿系统。

七、膀胱

1. 结构
膀胱由黏膜、黏膜下层、肌层和浆膜构成，前端钝圆，为膀胱顶；中部大，为膀胱体；后端狭窄，为膀胱颈。黏膜上皮为变移上皮，空虚时有许多褶皱。膀胱肌层较厚，在膀胱颈部形成括约肌。

2. 位置
膀胱充盈时大部分位于腹腔内，见图 7-1-15。

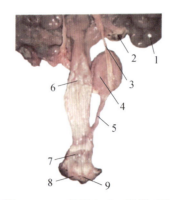

图 7-1-15 母猪生殖、泌尿系统

1—子宫角；2—卵巢；3—输尿管；4—膀胱；5—尿道；6—子宫颈；7—阴道；8—阴唇；9—阴蒂

3. 形态特征

空虚和中度充盈时呈梨形（近椭圆），随体积增加逐渐接近球体，见图 7-1-16。

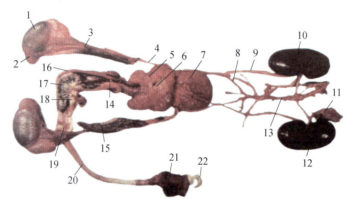

图 7-1-16 公猪生殖、泌尿器官

1—睾丸；2—附睾；3—精索；4—输精管；5—精囊腺；6—前列腺；7—膀胱；8—膀胱圆韧带；9—输尿管；10—肾；11—肾脂肪囊；12—肾上腺；13—腹主动脉；14—尿道球腺；15—睾丸提肌；16—阴茎缩肌；17—球海绵体；18—球海绵体肌；19—阴茎曲部；20—阴茎；21—包皮囊；22—阴茎头

4. 功能

暂时储存尿液。

5. 所属系统

泌尿系统。

八、睾丸

1. 结构

睾丸包括被膜和实质两部分。被膜由浆膜和白膜组成，实质由曲细精管、睾丸网和间质细胞构成。

2. 位置

睾丸在胚胎期位于腹腔的腰部，当胎儿发育到一定时期，睾丸与附睾一起经腹股沟管下降到阴囊腔内。成年公猪的睾丸较发达，位于靠近肛门下方的阴囊内。

3. 形态特征

公猪的睾丸呈长椭圆形，成年猪的睾丸长 10~13 cm，每个睾丸重约 400 g，见图 7-1-17。

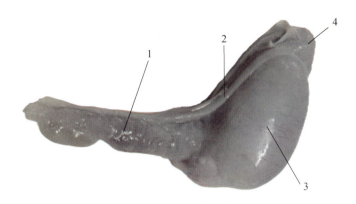

图 7-1-17 公猪的睾丸

1—精索；2—输精管；3—睾丸；4—附睾

4. 功能

产生精子和分泌雄性激素。

5. 所属系统

生殖系统。

九、卵巢、子宫

1. 结构

（1）卵巢。

卵巢由被膜和实质构成。卵巢表面覆盖着一层生殖上皮，生殖上皮下面有一薄层由致密结缔组织形成的白膜，为卵巢实质。卵巢实质分为皮质和髓质两部分。

（2）子宫。

子宫是一个中空的肌质性器官，由子宫角、子宫体、子宫颈三部分组成，子宫壁由内膜、肌层和外膜构成。

2. 位置

（1）卵巢。

卵巢为成对的实质性器官，由卵巢系膜附着在腹腔的腰下部，在肾的后下方或骨盆前口两侧。

（2）子宫。

母猪的子宫为双角子宫，左右分开，每侧子宫角均有大小 2 个弯。成年母猪的子宫大部分在腹腔内，在直肠与膀胱之间，前端与输卵管相连，后端与阴道相通，借韧带悬于腰下。

3. 形态特征

（1）卵巢。

母猪卵巢的大小、形状及位置根据其年龄和发育情况有差异。4 月龄以前小母猪的卵巢呈椭圆形，表面光滑，为粉红色或鲜红色，大小约 0.4 cm×0.5 cm，左侧较大，位于荐骨岬两侧的后方；5~6 月龄母猪的卵巢呈桑葚形，表面有大小不等的突出的小卵泡，大小约 2 cm×1.5 cm，位置较之前稍前移、下垂，位于髋关节前缘横切面的腰下部；性成熟及经产母猪的卵巢呈葡萄状（因表面有卵泡、黄体突出而呈不规则的结节状），长约 5 cm，位于髋关节前缘约 4 cm 处的横切面，或在髋关节点到膝关节连线的中点。

（2）子宫。

母猪的子宫角长而弯曲，形似小肠，壁厚；小母猪的子宫角细而弯曲，色泽粉红；子宫体较短，为 3~5 cm；子宫颈长，约为子宫体的 3 倍，见图 7-1-18。

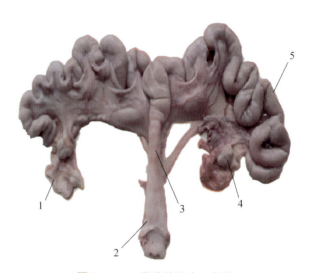

图 7-1-18 母猪的子宫、卵巢

1—输卵管；2—子宫颈；3—子宫体；4—卵巢；5—子宫角

4. 功能

（1）卵巢。

卵巢能产生雌性生殖细胞——卵细胞，同时能分泌雌性激素，促进生殖系统各个器官及乳腺的正常发育。

（2）子宫。

子宫是胚胎发育和胎儿娩出的器官。

5. 所属系统

生殖系统。

十、心脏

1. 结构

心脏锥底朝上，称心基，有大的动脉、静脉进出；锥尖朝下，为心尖。心脏表面有一沟，靠近心基处，相当于心房和心室的分界，称冠状沟。心脏内腔借房中隔和室中隔分为左右两半，互不相通；每一半又分为心房和心室两部分，经房室口相通。因此心脏可分为左心房、左心室、右心房、右心室四部分。

2. 位置

心脏位于胸腔纵膈中，左右两肺间，略偏左，猪的心脏位于第 2~6 对肋骨之间。

3. 形态特征

心脏为中空的肌质器官，呈倒圆锥形，见图 7-1-19、图 7-1-20。

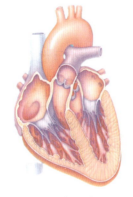　　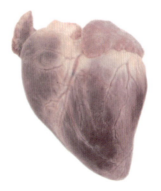　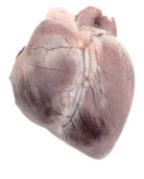

图 7-1-19 猪心脏内部构造　　　　　　　图 7-1-20 猪心脏外形

4. 功能

心脏是循环系统的动力器官，为全身组织供血、供氧，以维护机体生存，同时分泌较多物质，还能够调节血管和自身细胞的代谢状态或者代谢功能。

5. 所属系统

循环系统。

十一、脾脏

1. 结构

脾由被膜和实质组成，实质称为脾髓，分为红髓、边缘区和白髓。

2. 位置

脾位于胃大弯左侧，随大弯的弯曲而弯曲。

3. 形态特征

猪脾长而狭，呈紫红色，质地较软，见图7-1-21。

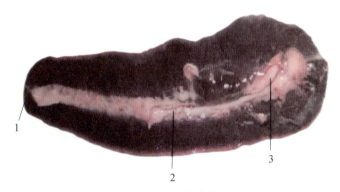

图 7-1-21　猪脾脏面

1—前缘；2—脾门；3—胃脾网膜

4. 功能

造血、滤血、免疫、贮血。

5. 所属系统

淋巴系统。

同步练习

基础知识练习

一、单项选择题

1. 肝脏属于(　　)。

A. 消化系统　　　B. 内分泌系统　　　C. 淋巴系统　　　D. 免疫系统

2. 猪的小肠中，最长的一段是(　　)。

A. 十二指肠　　　B. 空肠　　　C. 回肠　　　D. 结肠

3. 猪肾的形态特征为( )。
   A. 豆形　　　　　B. 三角形　　　　　C. 菱形　　　　　D. 椭圆形
4. 猪脾长而狭，呈紫红色，质地较软，位于( )。
   A. 肝脏膈面　　　B. 肺脏膈面　　　　C. 胸腔纵膈　　　D. 胃大弯左侧
5. 动物消化管最长的部位是( )。
   A. 食管　　　　　B. 小肠　　　　　　C. 大肠　　　　　D. 胃
6. 猪肾的结构为( )。
   A. 光滑单乳头肾　B. 光滑多乳头肾　　C. 有沟单乳头肾　D. 有沟多乳头肾
7. 猪胃是一个呈弯曲的( )。
   A. 椭圆形囊　　　B. 扁平形囊　　　　C. 长方形囊　　　D. 菱形囊
8. 肺脏是( )的场所。
   A. 气体交换　　　B. 血液循环　　　　C. 消化食物　　　D. 免疫功能
9. 猪结肠的形态特征是( )。
   A. 四段三弯曲　　　　　　　　　　　B. 圆锥状双重螺旋盘曲
   C. 圆盘状　　　　　　　　　　　　　D. 三菱状
10. 能产生精子和分泌雄性激素的器官是( )。
    A. 睾丸　　　　　B. 附睾　　　　　　C. 副性腺　　　　D. 阴囊

二、多项选择题

1. 猪的肝脏不仅能分泌胆汁参与消化，还是机体的代谢中心，很多代谢过程都需在肝内完成。此外，肝还具有( )功能。
   A. 造血　　　　　B. 解毒　　　　　　C. 排泄　　　　　D. 防御
2. 猪的肝脏位于( )，略偏右侧。
   A. 季肋部　　　　B. 剑状软骨部　　　C. 髋部　　　　　D. 趾骨部
3. 下列器官属于泌尿系统的有( )。
   A. 心脏　　　　　B. 脾脏　　　　　　C. 肾脏　　　　　D. 膀胱

三、判断题(判断下列描述的正误，描述正确的在括号内填A，错误的填B)

(　　)1. 猪的空肠大部分位于腹腔左半部、结肠圆锥的左侧。
(　　)2. 猪的肺呈粉红色，左肺略大于右肺，富有弹性。
(　　)3. 猪的肝脏较发达，红褐色，呈不规则的扁圆形，无胆囊。
(　　)4. 泌尿系统中，输送尿液的肌性管道是输尿管，暂时储存尿液的是膀胱，排出尿液的通道是尿道。
(　　)5. 猪的胆囊位于肝脏的右内叶，其中的胆汁排入十二指肠。
(　　)6. 消化管包括口、咽、喉、食管、气管、胃、小肠、大肠等。
(　　)7. 肺位于胸腔内，左右各一，一般左肺小，右肺大；心脏与左肺间形成压痕，兽医临床上常将左肺心切迹作为心脏的听诊点。
(　　)8. 循环系统包括呼吸系统和心血管系统。

技能训练

1. 通过图片识别器官及所属系统，每正确识别1个器官得2分，每正确判定1个系统得2分。
2. 描述猪的主要器官的位置、形态、结构和功能，每正确描述1个得5分。

项目七 畜禽器官识别

考核评价

猪的器官识别考核评价表

考核项目	内容	分值	得分
技能操作(88分)	能通过彩色图片或标本识别猪的器官及对其所属系统进行判定(胃、小肠、大肠、肝脏、肾、膀胱、卵巢、睾丸、子宫、心脏、肺、气管、喉、脾脏),每项2分	28	
	能正确描述猪的胃、小肠、大肠、肝脏、肾、膀胱、卵巢、睾丸、子宫、心脏、肺、气管等器官的位置、形态、结构和功能	60	
学习成效(4分)	课堂作业	2	
	实习总结	2	
思想素质(8分)	安全意识	2	
	纪律出勤	2	
	情感态度	2	
	团结协作	2	
合计		100	
评价人员签字	1. 任课教师: 2. 实习指导教师:		

备注:严禁损坏公共财物及产品,如有损毁,视情节和态度扣除个人成绩20~40分,同时实习个人扣除安全生产及团结协作成绩,情节严重的将按照相关处理办法进行违纪处理。

任务2 鸡的器官识别

基础知识

一、嗉囊

1. 位置

鸡食管中段在胸前偏右处有一膨大,称为嗉囊。嗉囊外膜与皮肤紧贴,有皮肌或邻近肌肉的横纹肌纤维附着,起固定作用。

2. 形态特征

鸡的嗉囊很发达,弹性很强,略呈球形,见图7-2-1。

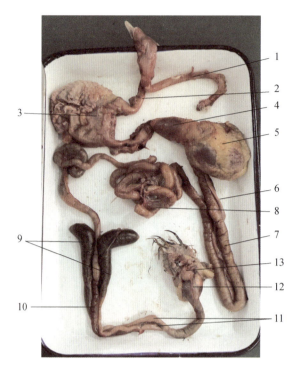

图 7-2-1 鸡的消化系统解剖图

1—气管；2—食管；3—嗉囊；4—腺胃；5—肌胃；6—胰；7—十二指肠；
8—空肠；9—盲肠；10—回肠；11—盲肠扁桃体；12—泄殖腔；13—法氏囊

3. 结构

鸡嗉囊黏膜上皮为复层扁平上皮，相比于食管角质化明显，黏膜皱襞数量更多，伸缩性大；同食管相似，嗉囊固有层中分布着大量的食管腺，能分泌大量的黏液。

4. 功能

嗉囊不分泌消化液，其主要机能是贮存食物，并借黏液的作用软化、浸泡食物，弱酸性的黏液和适宜的湿度为细菌（主要是乳酸菌）创造了良好的生长繁殖环境，从而为食物进入腺胃消化做准备。另外，糖类物质可在嗉囊内经细菌和唾液淀粉酶的作用进行初步消化。

5. 所属系统

消化系统。

二、胃

鸡的胃分为两部分，即腺胃和肌胃。

1. 位置

（1）腺胃。

腺胃位于腹腔右侧，两肝叶之间。

（2）肌胃。

肌胃位于腹腔偏左的位置，前部腹侧是肝。

2. 形态特征

（1）腺胃。

腺胃（前胃）外表为淡红色，呈短纺锤形，是食管末端的膨大部分，内腔比食管稍大，胃壁较厚，见图 7-2-2。

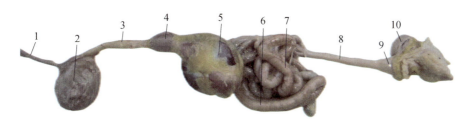

图 7-2-2 鸡的消化器官
1—食管；2—嗉囊；3—食管；4—腺胃；5—肌胃；6—十二指肠；
7—空肠；8—直肠(结直肠)；9—泄殖腔；10—法氏囊

(2)肌胃。

肌胃(砂囊)呈双面凸的圆盘状，坚实，呈红色。肌胃的胃壁很厚，紧贴黏膜表面有一层类角质膜，呈黄白色，易剥离，俗称肫皮(鸡内金)，见图 7-2-3。

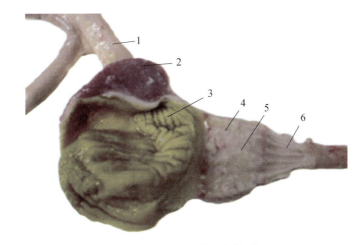

图 7-2-3 肌胃的内部构造
1—十二指肠；2—肌胃厚肌；3—肌胃角质层；4—腺胃；5—腺胃乳头；6—食管黏膜

3. 结构

(1)腺胃。

腺胃经前面狭窄的贲门通食管，后接肌胃。黏膜表面分布有乳头，胃壁内含有大量胃腺，可分泌胃液参与消化。

(2)肌胃。

肌胃经前背侧的腺肌胃口接腺胃，由右侧幽门通十二指肠。肌胃肌层发达，内腔较小，内容物干燥，其中包含砂石，肌胃又被称为砂囊。

4. 功能

(1)腺胃。

腺胃分泌的胃液含黏液、盐酸和胃蛋白酶，有助于饲料进入肌胃后的消化，腺胃还可推动食物在腺胃和肌胃之间来回移动。

(2)肌胃。

肌胃不分泌消化液，主要对饲料进行机械磨碎，又因饲料中混有腺胃胃液，也能在肌胃中进行有限的化学消化。

5. 所属系统

消化系统。

三、肠

(一)大肠

1. 位置

(1)盲肠。鸡的盲肠有两条,左盲肠位于直肠左腹侧,右盲肠位于直肠右腹侧。

(2)结直肠。鸡没有明显的结肠,仅有一短的直肠,也称结直肠。直肠由与回肠系膜相连的短系膜悬吊于腹腔背侧。

2. 形态特征

(1)盲肠。

鸡的盲肠长而粗,沿回肠两旁向前延伸,见图7-2-4。

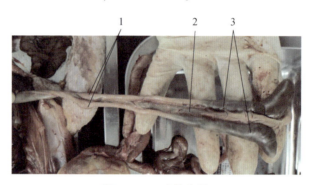

图7-2-4 鸡的盲肠

1—盲肠扁桃体;2—回肠;3—盲肠

(2)直肠。

鸡的直肠很短,为8~10 cm的直形管道,呈淡灰绿色,见图7-2-5。

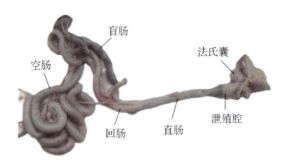

图7-2-5 鸡大肠结构

3. 结构

(1)盲肠。

盲肠分为盲肠基(底)、盲肠体、盲肠尖(颈部)3部分。

(2)直肠。

直肠前接回盲直接合部,向后逐渐变粗,接泄殖腔。

4. 功能

(1)盲肠。

盲肠是大肠消化的主要部位，主要由微生物对粗纤维进行酵解，产生低级脂肪酸加以吸收利用。同时可以对蛋白质、脂肪和糖类进行分解。

(2)直肠。

直肠的消化作用不大，能吸收部分水分和盐分，主要作用是形成粪便。

5. 所属系统

消化系统。

(二)小肠

1. 位置

(1)十二指肠。

十二指肠起于肌胃的幽门，位于腹腔右侧。

(2)空肠。

空肠位于背系膜的游离端，悬吊于腹腔右侧。

(3)回肠。

回肠与空肠相连，位于两盲肠之间。

2. 形态特征

(1)十二指肠。

鸡的十二指肠呈淡灰红色，长22~35 cm，直径0.8~1.2 cm，形成长的U形肠袢(包括降支和升支2段，两袢间为胰)，胰管、肝管和胆管由此入肠腔。

(2)空肠。

空肠是小肠中最长的一段，颜色较暗，大部分空肠排列成一定数目的呈花环状的肠环。

(3)回肠。

回肠与盲肠等长，鸡空肠与回肠间无明显分界，卵黄囊憩室末端有短韧带与空肠系膜相连接，常以此作为空回肠分界，回肠末段较直，见图7-2-6。

3. 结构

(1)十二指肠。

十二指肠起于幽门，向后延伸形成降袢，再折返回来，形成升袢，两袢间为胰脏。

(2)空肠。

鸡的空肠形成10~11个弯曲的肠袢，空肠后半段有一呈短尖形的小突起，这是胚胎时期卵黄囊柄的遗迹，称卵黄囊憩室，幼年较发达。

(3)回肠。

回肠末端直接以系膜与一对盲肠相连。

4. 功能

除运输功能以外，小肠是消化吸收的最主要部位。

5. 所属系统

消化系统。

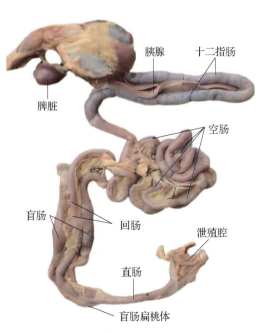

图7-2-6 鸡消化管构造

四、肝脏

1. 位置
肝脏位于鸡腹腔前下部,胸骨背侧,前方与心脏接触,剖开腹腔即可看到。

2. 形态特征
肝是鸡体内最大的消化腺,仅含少量结缔组织,所以质地脆弱。成年鸡的肝脏呈淡褐色至红褐色;雏鸡的肝脏由于吸收了卵黄色素,初呈黄色或黄白色,约2周后转为红褐色;肥育鸡因含脂肪而呈黄褐色;老年鸡呈暗褐色,见图7-2-7、图7-2-8。

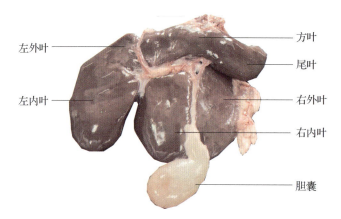

图 7-2-7 鸡的肝脏

图 7-2-8 鸡的内脏

1—心脏;2—肺;3—腺胃;4—肝脏;5—肌胃;6—泄殖腔;7—十二指肠

3. 结构
鸡的肝脏分左、右两叶,右叶较大,具有胆囊。

4. 功能
肝不仅能分泌胆汁参与消化,还是体内的代谢中心,很多代谢过程都需在肝内完成。此外,肝还具有造血、解毒、排泄、防御等功能。

5. 所属系统
消化系统。

五、喉、气管

1. 位置

（1）喉。

鸡的喉也称前喉，位于舌根后方，咽腔底部，与鼻孔相对；鸡的后喉即鸣管，位于气管末端。

（2）气管。

气管前接喉，后连鸣管，起始部位于食管腹侧正中，气管在皮肤下伴随食管向下行，在颈部向后延伸3~5 cm后，随同食管偏居颈部左侧，位于颈椎的右腹侧食管腹侧，在接近胸腔入口处时又转到颈部腹侧中线。

2. 形态特征

（1）喉。

鸡的喉由纵行的肌性瓣构成缝状喉口，吞咽时可因肌肉收缩而闭合。周围黏膜上有乳头，平时开放，仰头关闭，有防止食物误入气管的作用。喉向背侧有显著的突起，称为喉突，鸡的喉突呈尖端向前的心形。

（2）气管。

鸡的颈部较长，因此气管较粗而长，鸡的气管长15~17 cm，而且公鸡的气管比母鸡长，见图7-2-9、图7-2-10。

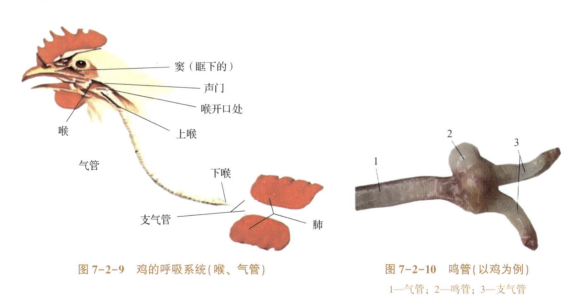

图7-2-9　鸡的呼吸系统（喉、气管）　　　　图7-2-10　鸣管（以鸡为例）

1—气管；2—鸣管；3—支气管

3. 结构

（1）喉。

喉软骨只由环状软骨和两块勺状软骨构成，被固有喉肌连接在一起。

（2）气管。

鸡的气管是由108~126块完整的软骨环组成的，软骨环之间有膜状韧带相连，并顺次互相套叠，因此气管能够随头颈的活动而任意伸缩和扭动。

4. 功能

（1）喉。

喉是气流通过的通道，鸡的喉无声带，不能发声，但有调节发音的作用。

（2）气管。

气管是呼吸时空气进出的通道，也是禽体散发体热的重要部位。

5. 所属系统

呼吸系统。

六、肺

1. 位置

鸡的肺壁面紧贴于胸腔背侧面的胸壁和脊柱上，并嵌入肋骨之间。

2. 形态特征

鸡肺呈鲜红色，左、右各一叶。左右肺各呈扁平、长四边形的海绵样结构，一般不分叶，肺上还有一些与气囊相通的开口，见图7-2-11。

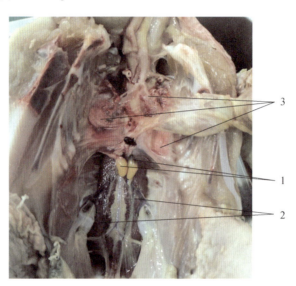

图 7-2-11　鸡肺
1—睾丸；2—肾脏；3—肺脏

3. 结构

禽类的肺的结构与哺乳动物截然不同。鸡的支气管入肺后纵贯全肺，称初级支气管，后端出肺，通入气囊。从初级支气管分出次级支气管，再从次级支气管分出三级支气管，相邻的三级支气管相吻合。因此，不像哺乳动物的肺形成支气管树，禽类的肺是互相连通的管道，但一旦发生禽的肺部炎症，其症状往往较哺乳动物严重。

4. 功能

肺是呼吸系统的主要器官，是机体进行气体交换的主要场所。

5. 所属系统

呼吸系统。

七、肾

1. 位置

肾位于腰荐骨两侧的凹窝内。

2. 形态特征

鸡没有汗腺，但肾比较发达，呈红褐色的长条豆荚状。肾前部略圆，肾中部较狭长，肾后部略为膨大，见图7-2-12。

3. 结构

鸡的肾每侧分前、中、后三叶，无肾门，肾的血管和输尿管直接从肾表面进出，其进出部位也不一样。

4. 功能

肾是主要的泌尿器官，主要作用是生成尿液。

5. 所属系统

泌尿系统。

八、睾丸

1. 位置

公鸡的睾丸为左右对称的一对，位于腹腔内，以系膜悬挂于肾的前腹侧，在最后两肋骨上端。

2. 形态特征

睾丸为卵圆形，表面光滑。其大小随年龄和季节变化。幼禽睾丸米粒大，淡黄色；成年时长大，在生殖季节可大如鸡蛋，呈白色。通常来说，左侧的睾丸比右侧略大，见图7-2-13、图7-2-14。

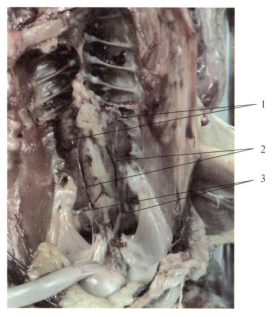

图 7-2-12 鸡肾

1—肾前叶；2—肾中叶；3—肾后叶

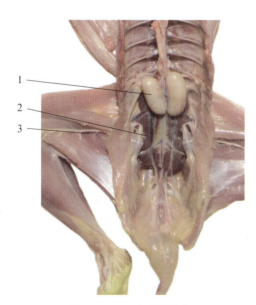

图 7-2-13 公鸡的睾丸

1—睾丸；2—肾脏；3—后肢内侧神经

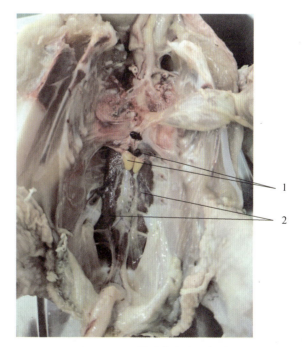

图 7-2-14 雏鸡的睾丸、肾脏

1—睾丸；2—肾脏

3. 结构

公鸡睾丸的结构与其他畜禽相似，均由被膜和实质两部分组成。

4. 功能

产生精子和分泌雄性激素。

5. 所属系统

生殖系统。

九、卵巢、输卵管

雌性家禽的生殖系统由卵巢和输卵管组成，无单独子宫。

1. 位置

（1）卵巢。

母鸡只有左侧的卵巢和输卵管发达，右侧已退化。卵巢位于左肾的前下方，以短系膜挂在左肾的前腹侧。

（2）输卵管。

输卵管起于卵巢正后方，沿腹腔的左背侧体壁后行，止于泄殖道。

2. 形态特征

（1）卵巢。

卵巢的体积和形态随年龄的增长和功能的变化而有较大变化。雏禽的卵巢较小，表面略呈颗粒状，黄白色，形似桑葚状的扁椭圆形。成年母鸡的卵巢为葡萄状，尚有大小不等、正在发育成熟的和未成熟的卵泡，见图7-2-15。

（2）输卵管。

幼禽的输卵管细、直、薄，成年则变为粗、弯、厚。输卵管在产卵季节很发达，长可达60~70 cm，几乎占据腹腔的大部分，见图7-2-16、图7-2-17。

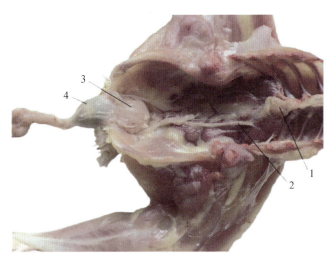

图7-2-15 雏鸡的卵巢

1—卵巢；2—输卵管；3—法氏囊；4—泄殖腔

图7-2-16 成年母鸡的卵巢、输卵管

1—肛口；2—泄殖腔；3—成蛋；4—峡部黏膜；5—子宫阔韧带；6—膨大部黏膜；7—成熟卵泡；8—卵巢

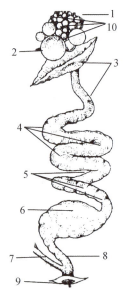

图7-2-17 母鸡生殖系统结构图

1—未成熟卵泡；2—成熟卵泡；3—漏斗部（伞部）；4—膨大部；5—峡部；6—子宫部；7—直肠；8—阴道部；9—泄殖腔；10—卵巢

3. 结构

（1）卵巢。

雌性家禽与家畜卵巢的组织结构基本相似，卵巢表面覆以生殖上皮，其切面也有皮质与髓质之分。

（2）输卵管。

根据其形态结构和功能特点，由前向后可分为漏斗部、膨大部、峡部、子宫部及阴道部五部分。

4. 功能

（1）卵巢。

卵巢能形成卵泡（卵子），产生激素，维持母鸡正常的生殖机能。

（2）输卵管。

输卵管既是输送卵子的管道，又是卵子受精的场所，也是受精卵开始卵裂和形成蛋壳的地方。

5. 所属系统

生殖系统。

十、心脏

1. 位置

鸡的心脏位于胸腔前下部，心基部朝向前背侧，与第 1 对肋骨相对。除心尖外，心脏的长轴几乎与体中轴平行，心尖斜向后腹侧，略偏左伸延。心尖部正对第 5 对肋骨，夹在肝脏的左右叶之间。

2. 形态特征

鸡的心脏是呈圆锥形的肌性器官，外覆心包。心脏和体重的相对比例较大，质量占体重的 4%～8%，平均质量为 15～17 g，与体重相比，较小型的禽类具有相对较大的心脏，见图 7-2-18。

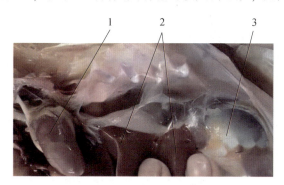

图 7-2-18　鸡的心脏

1—心脏；2—肝脏；3—肌胃

3. 结构

鸡的心脏的左房室口上有二尖瓣，右房室口无三尖瓣而是以肌性瓣代替。心基部下有一环形的冠状沟，即为心房与心室的分界线。上部小的是心房，下部大的是心室。

4. 功能

鸡的心脏是血液循环的动力器官，主要作用是将血液输送到全身各组织器官，供给营养。

5. 所属系统

循环系统。

十一、脾

1. 位置
鸡的脾脏位于腺胃和肌胃交界处的右背侧。

2. 形态特征
鸡的脾呈球形，鸭、鹅的脾呈钝三角形，棕红色，直径约 1.5 cm，母鸡的脾的质量约 3 g，公鸡约 4.5 g，见图 7-2-19、图 7-2-20。

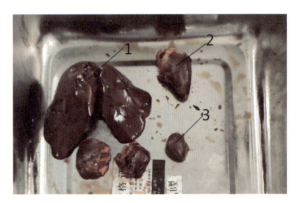

图 7-2-19　鸡的肝脏、心脏、脾脏
1—肝脏；2—心脏；3—脾脏

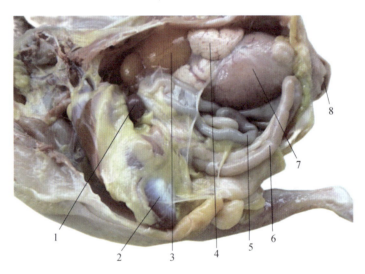

图 7-2-20　母鸡内脏
1—脾；2—肌胃；3—成熟卵泡；4—输卵管膨大部；5—盲肠；6—十二指肠；7—成蛋（子宫部）；8—肛口

3. 结构
鸡的脾脏主要由红髓和白髓组成，两者约占脾总体积的 80%，彼此比例几乎相等，但分界不清晰。

4. 功能
鸡的脾脏可以造血、滤血和参与免疫反应等，还具有贮存血液的功能。

5. 所属系统
淋巴系统。

同步练习

基础知识练习

一、单项选择题

1. 下列动物中,具有两条盲肠的是(　　)。
   A. 牛　　　　　　B. 羊　　　　　　C. 鸡　　　　　　D. 猪
2. 鸡的泄殖腔背侧有个淋巴器官,这一器官是(　　)。
   A. 淋巴结　　　　B. 扁桃体　　　　C. 法氏囊(腔上囊)　　D. 气囊
3. 具有发达肌胃的动物是(　　)。
   A. 牛　　　　　　B. 羊　　　　　　C. 鸡　　　　　　D. 猪
4. 鸡内金是(　　)的黏膜褶。
   A. 腺胃　　　　　B. 肌胃　　　　　C. 瘤胃　　　　　D. 网胃
5. 鸡体内最大的腺体是(　　)。
   A. 汗腺　　　　　B. 乳腺　　　　　C. 肝　　　　　　D. 胰
6. 在气管的分叉处形成的特殊的发声器官是鸡的(　　)。
   A. 支气管　　　　B. 鸣管　　　　　C. 气囊　　　　　D. 肺
7. 鸡食管中段在胸前口偏右处有一膨大,称为(　　)。
   A. 鸣管　　　　　B. 食管膨大部　　C. 嗉囊　　　　　D. 腺胃
8. 禽类胃壁内含有大量的胃腺,可分泌胃液的是(　　)。
   A. 嗉囊　　　　　B. 腺胃　　　　　C. 肌胃　　　　　D. 盲肠
9. 鸡没有汗腺,但肾发达,鸡的肾为呈红褐色的(　　)。
   A. 豆荚状　　　　B. 三角形　　　　C. 菱形状　　　　D. 椭圆状
10. 禽类消化、泌尿和生殖三个系统的共同通道是(　　)。
    A. 肛道　　　　　B. 粪道　　　　　C. 腔上囊　　　　D. 泄殖腔

二、多项选择题

1. 鸡的泌尿系统包括(　　)。
   A. 肾　　　　　　B. 输尿管　　　　C. 膀胱　　　　　D. 尿道
2. 家禽的喉软骨包括(　　)。
   A. 环状软骨　　　B. 甲状软骨　　　C. 勺状软骨　　　D. 会厌软骨
3. 禽类的雌性生殖器官仅包括(　　)。
   A. 卵巢　　　　　B. 输卵管　　　　C. 阴门　　　　　D. 睾丸

三、判断题(判断下列描述的正误,描述正确的在括号内填 A,错误的填 B)

(　)1. 家禽生殖系统由卵巢和输卵管组成,无单独子宫。
(　)2. 鸡的脾脏呈三角形,鸭、鹅的脾脏呈球形。
(　)3. 禽类的卵巢仅左侧发育起来,右侧在发育过程中逐渐退化。
(　)4. 家禽肝脏分为左、右两叶,其中右叶有胆囊(鸽除外)。
(　)5. 禽类心脏的结构与哺乳动物相似,但右心房上有一静脉窦,右房室口上没有三尖瓣,由一个肌瓣替代,无腱索。

(　　)6. 鸡的气管长 15~17 cm，公鸡的气管比母鸡短。

(　　)7. 气管是禽类呼吸时空气进出的通道，同时也是禽体发散体热的重要部位。

(　　)8. 喉是气流通过的通道，鸡的喉无声带，不能发声，但有调节发音的作用。

技能训练

1. 通过图片识别器官及其所属系统，每正确识别 1 个器官得 2 分，每正确判定 1 个系统得 2 分。
2. 描述鸡的主要器官的位置、形态、结构和功能，每正确描述 1 个得 5 分。

考核评价

鸡的器官识别考核评价表

考核项目	内容	分值	得分
技能操作（88分）	能通过彩色图片或标本识别鸡的器官并判定其所属系统（嗉囊、胃、大肠、小肠、肝脏、肺、气管、喉、心脏、肾、卵巢、睾丸、脾脏），每项 2 分	28	
	能正确描述鸡的嗉囊、胃、大肠、小肠、肝脏、肺、气管、喉、心脏、肾、卵巢、睾丸等器官的位置、形态、结构和功能	60	
学习成效（4分）	课堂作业	2	
	实习总结	2	
思想素质（8分）	安全意识	2	
	纪律出勤	2	
	情感态度	2	
	团结协作	2	
合计		100	
评价人员签字	1. 任课教师： 2. 实习指导教师：		

备注：严禁损坏公共财物及产品，如有损毁，视情节和态度扣除个人成绩 20~40 分，同时实习个人扣除安全生产及团结协作成绩，情节严重的将按照相关处理办法进行违纪处理。

项目八　细菌平板划线分离技术

训练目标

一、知识目标

1. 了解平板划线需要的器材；
2. 了解常用的消毒方法、酒精灯的使用方法；
3. 掌握接种环的使用方法及正确的取样方法；
4. 掌握"Z"字形、分区划线等方法的技术要领。

二、能力目标

1. 能独立、规范地进行消毒操作；
2. 能熟练使用接种环进行取样操作；
3. 能熟练利用平板划线方法进行细菌分离。

三、素质目标

1. 树立规范、无菌操作的意识；
2. 具备较强的生物安全意识；
3. 培养学生精益求精、严谨务实的科学精神。

考纲要求

一、技能考点

1. 掌握消毒等操作的准备方法；
2. 掌握酒精灯的使用方法；
3. 掌握接种环使用的流程与方法；
4. 掌握生物材料常规取材的流程与方法；
5. 掌握"Z"字形划线法、分区划线法等方法的流程与操作技巧。

二、职业素养

了解生物安全的概念与场景。

任务　细菌平板划线分离技术

基础知识

一、消毒等操作准备方法

(1)用镊子夹取酒精棉球对操作者的手臂进行擦拭消毒。
(2)戴上橡胶手套。
(3)擦拭操作台台面进行消毒(从左往右依次消毒,擦拭台面不可重复,面积与肩同宽)。
(4)点燃酒精灯,对接种环进行消毒(待铂金丝烧红,旋转接种环灼烧金属杆)。
(5)若使用超净工作台,可提前30 min打开紫外灯对工作台灭菌。

二、酒精灯使用方法

(1)酒精灯灯壶中的酒精量应为其总容积的1/4~2/3,见图8-1。

图8-1　酒精量

(2)酒精量太少则灯壶中酒精蒸汽过多,易引起爆燃;过多则受热膨胀,易使酒精溢出,发生事故。
(3)添加酒精时一定要熄灭酒精灯;要杜绝一切火源并借助小漏斗,以免酒精洒出造成安全事故,若有酒精洒出至桌面导致燃烧,需立即用湿棉布铺盖熄灭。
(4)点燃酒精灯要用燃着的火柴,严禁用一盏酒精灯去点燃另一盏酒精灯,否则易导致酒精洒出,引起火灾,见图8-2。

图8-2　点燃酒精灯

（5）用酒精灯加热物体时，一般用外焰来加热，加热的器具与灯焰的距离要合适，过高或者过低都不正确。与灯焰的距离通常通过灯的垫木或者铁环的高低来调节。被加热的器具必须放在支撑物（三脚架、铁环等）上或用坩埚钳、试管夹夹持，绝不允许徒手拿起加热，见图 8-3。

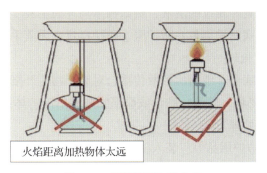

图 8-3　用酒精灯加热物体

（6）熄灭酒精灯的火焰时，要用灯帽将其盖灭，盖灭后需重盖一次，以放走酒精，让空气进入，免得冷却后盖内造成负压致使灯盖打不开；灭灯时绝不允许用嘴吹灭，这样做可能使高温的空气倒流入瓶内，引起爆炸。

三、接种环使用的流程与方法

接种环是细菌培养时常用的一种接种工具，广泛应用在微生物检测、细胞微生物、分子生物学等学科领域。

1. 接种环使用的流程

（1）对接种环进行灼烧消毒。

（2）接种时，微微打开培养皿，将蘸取的菌液接种在培养基上，要注意：①培养皿打开的夹角要小于 30°；②不要划破培养基；③接种过程要在火焰旁进行。

2. 接种环的使用方法

（1）划线法。

用接种环粘取含菌材料，在固体培养基表面划线。

（2）点植法。

用接种环在固体培养基表面接触几点。

（3）倾注法。

取少许含菌材料放入无菌培养皿中，倾注已熔化的 48℃ 左右的琼脂培养基，摇匀冷却。

（4）穿刺法。

用接种环粘取微生物穿刺进入半固体培养基深层培养。

（5）浸洗法。

用接种环挑取含菌材料，在液体培养基中冲洗。

四、生物材料常规取材的流程与方法

1. 生物材料取材前的准备

（1）人员。

进行生物材料采集前，相关人员必须进行相关业务培训，具备良好的生物安全意识，应熟知其感染、传播与预防的相关知识，并配备能熟练将动物固定并实施材料采集的专业技术兽医人员。

(2)物品。

一般在操作前，需要将使用的手术器械置于121℃高压环境下30 min进行灭菌，或者用沸水煮30 min。注射器、采血管、采血针等工具最好使用一次性无菌制品，如不是一次性的，在使用前一定要做好无菌处理工作。要在操作前配置好相应的溶液，例如福尔马林固定液、保存液、70%酒精以及其他消毒剂等。还需要提前准备记号笔、病料采集单、防护服、防护口罩、无菌手套、胶靴、护目镜等。

2. 生物材料取材后的无害化处理

生物材料取材应避免污染和病毒、细菌的扩散传播，对废弃物应严格处理，对环境严格消毒。

(1)取材后的血液、口鼻分泌物、乳汁、脓汁或局部肿胀渗出液、体腔液、尿液、生殖道分泌物和粪便等生物材料应封装进行无害化处理。

(2)一次性注射器和一次性防护用品等应装入密封袋中并进行无害化处理。

(3)对于所使用的器具、器械的处理：注射器针头、手术刀片等使用完后，应置入锐器盒内封闭并进行无害化处理。

(4)材料采集后的动物尸体，应及时喷洒消毒剂，用密封袋包装后进行无害化处理。

(5)取材结束，人员需要进行更衣消毒，并对环境进行严格地清洁、消毒。

实践操作

一、"Z"字形划线法、分区划线法等方法的流程与操作技巧

1. 仪器材料

恒温培养箱，接种环，玻璃棒，吸管，酒精灯，酒精棉球，火柴，乳胶手套，试管架，培养基，大肠杆菌、枯草杆菌、金黄色葡萄球菌、酵母菌等菌种。

2. 准备工作

溶化牛肉膏、蛋白胨、琼脂培养基倒平板，水平静置待凝。

3. 消毒灭菌

(1)工作人员和桌面消毒。

用镊子夹取酒精棉球对操作者的手臂进行擦拭消毒；戴上橡胶手套；擦拭操作台台面进行消毒(从左往右依次消毒，擦拭台面不可重复，面积与肩同宽)。

(2)点燃酒精灯。

打开酒精灯灯盖，将灯盖置于操作区的台面上，点燃酒精灯，酒精灯周围3~5 cm即为无菌区。

(3)接种环灭菌。

从试管架上选用平整、圆滑的接种环。右手持接种环，用酒精灯火焰外焰灼烧接种环的铂金丝及金属柄，直至铂金丝烧红(注意灼烧时要将金属丝与金属杆的连接部分充分灼烧)，即可旋转接种环灼烧金属杆。灼烧方法为：略倾斜接种环，由金属环至金属杆方向快速通过火焰，随后反方向通过火焰，如此2~3次。然后将接种环从火焰中移开，待其冷却。

4. 病料的取用

(1)液体菌种取样。

左手持盛有被检材料的试管(或广口瓶)，用持有接种环的右手手掌及小指拔取试管塞，将试管管口迅速通过火焰2~3次进行灭菌。将已灭菌且冷却的接种环伸入菌种管中，取一接种环的菌液，然后退出菌种管，将菌种管管口再次通过火焰2~3次灭菌，塞好试管塞，放至原来的位置，见图8-4。

（2）平皿内取样。

左手持盛有被检材料的平皿，置于酒精灯旁，用拇指、食指及中指将皿盖一侧打开（靠近酒精灯一侧）。右手持消毒后的接种环从打开的口子伸入，将接种环置于平皿边缘冷却，从菌落中蘸取少许菌种（保持平皿口对着火焰），取出接种环后立即盖好平皿盖，平皿倒置于操作台上。

5. 平板划线

（1）"Z"字形划线法。

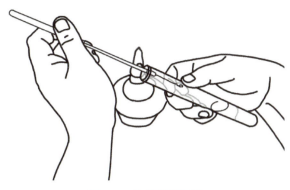

图8-4　液体菌种取样

左手将平皿置于酒精灯旁，用拇指、食指及中指将皿盖一侧打开（打开靠近酒精灯的一侧，打开角度以能顺利划线为宜，但以角度小为佳，以免空气中的细菌污染培养基）。右手拿接种棒，先将细菌标本涂布于培养基一角，并以此为起点，从培养皿一端到另一端，进行连续不重复的"Z"字形划线，划线多少应视菌量多少来定。

（2）分区划线法。

分区划线方法有多种，此处列举常用方法。

①左手将平皿置于酒精灯旁，用拇指、食指及中指将皿盖打开一侧（打开靠近酒精灯的一侧，打开角度以能顺利划线为宜，但以角度小为佳，以免空气中的细菌污染培养基）。右手拿接种棒，先将细菌标本涂布于培养基一角，并以此为起点进行一条连续不重叠"Z"字形划线作为第一区，其范围不能超过平板的1/4。划线时，接种环与接种平板面之间的角度保持为30°～40°，以腕力在平板表面轻而快地来回滑动。

②灼烧接种环，以杀灭其上残余的菌液，待接种环冷却后，再将接种环迅速伸入皿内，在第一区域划线末梢的地方稍接触一下后，转动至合适角度，在第二区域连续不重叠划线。

③划线完毕后再灼烧接种环，冷却后用同样方法在其他区域划线。但划最后一区时切勿重新接触第一、二区，以免将这两区中浓密的菌液带到最后一区，影响单菌落的形成，见图8-5。

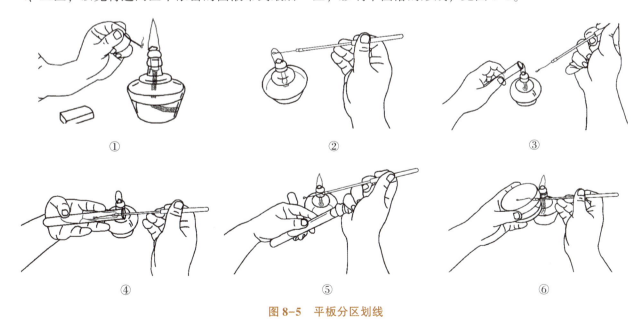

图8-5　平板分区划线

④全部划线完毕后，在平皿底用特种蜡笔注明菌种、日期、组别、姓名。将整个培养皿倒置放入恒温箱培养。

⑤培养皿经恒温37℃、24~48 h培养后取出，观察并记录琼脂平板表面生长的各种菌落，注意其大小、形状、边缘、表面结构、透明度、颜色等性状，以及有无菌落溶血现象，是否有色素产生，是否有气味等。

⑥场地清理。

实训器材归原位，清理产生的垃圾，将操作台面打扫干净。

二、注意事项

(1)接种室应保持清洁，用煤粉酚皂液擦洗台面及墙壁，定期用乳酸或甲醛熏蒸。每次使用前，均应用紫外灯灭菌。定期对接种室作无菌程度的检查。

(2)进入接种室前，应先做好个人卫生工作，要在缓冲间内更换工作鞋帽、工作衣，戴口罩。工作衣、工作鞋、口罩只能在接种室内使用，不能穿到其他地方去，并要定期更换、消毒。

(3)接种的试管、三角瓶等应做好标记，注明培养基、菌种的名称、日期。移入接种室内的所有物品，均须在缓冲间用70%酒精擦拭消毒。

(4)接种前，双手用70%酒精或新洁尔灭消毒；操作过程不离开酒精灯火焰；棉塞不乱放；接种工具使用前后均需使用火焰灭菌。

(5)培养箱应经常清洁消毒。

同步练习

基础知识练习

一、单项选择题

1. 平板划线分离培养实验中常用(　　)来蘸取菌液。
   A. 玻璃棒　　　　　B. 金属镊子　　　　　C. 手术剪　　　　　D. 接种环

2. 平板划线操作的第一步之前、每次划线之前、划线结束时要灼烧接种环，其目的依次是(　　)。
   ①避免细菌污染环境和感染操作者
   ②杀死接种环上残留的菌种
   ③避免杂菌污染培养基
   A. ③②①　　　　　B. ①②③　　　　　C. ①③②　　　　　D. ③①②

3. 下列关于平板划线分离培养的说法，错误的是(　　)。
   A. 常用于微生物的分离提纯
   B. 只有在最后划线区域才能得到单菌落
   C. 每次接种前都要将接种环进行灼烧灭菌
   D. 待接种环冷却后再伸入菌液中蘸取一环菌液

4. 下列有关平板划线的操作，正确的是(　　)。
   A. 使用已灭菌的接种环、培养皿，操作过程中不再灭菌
   B. 打开含菌种的试管需通过火焰灭菌，取出菌种后需马上塞上棉塞
   C. 培养皿盖打开后将沾有菌种的接种环迅速伸入平板内，划三至五条平行线即可
   D. 将完成接种的平板倒置，放入培养箱中培养

5. 酒精灯内的酒精不可超过酒精灯容积的(　　)。

A. 1/2　　　　　　B. 1/3　　　　　　C. 2/3　　　　　　D. 1/4

6. 细菌培养过程中分别采用了高压蒸汽灭菌、酒精消毒、火焰灼烧灭菌等处理，这些方法依次用于杀灭(　　)的杂菌。

A. 接种环、手、培养基　　　　　　B. 高压锅、手、接种环

C. 培养基、手、接种环　　　　　　D. 接种环、手、高压锅

7. 下列关于倒平板操作的叙述，错误的是(　　)。

A. 将灭菌后的培养皿放在酒精灯火焰旁的桌面上

B. 打开盛装菌液的锥形瓶瓶口后应迅速通过酒精灯外焰

C. 将培养皿打开，培养皿盖倒放在桌子上

D. 待平板冷却凝固后需要倒过来放置

8. 平板划线接种后，需要在恒温箱内培养方能看到菌落。培养的温度和时间分别是(　　)。

A. 42 ℃，12~24 h　　　　　　B. 37 ℃，12~24 h

C. 42 ℃，24~48 h　　　　　　D. 37 ℃，24~48 h

9. 下列有关平板划线接种法操作的描述，错误的是(　　)。

A. 将接种环放在火焰上灼烧灭菌

B. 将已冷却的接种环伸入菌液中蘸取一环液

C. 蘸取菌液和划线要在火焰旁进行

D. 划线时要将最后一区的划线与第一区的划线相连

10. 细菌平板划线分离技术的目的是(　　)。

A. 使细菌获得充分的营养　　　　　　B. 减少细菌间的相互抑制作用

C. 获得足够的单个菌落　　　　　　　D. 加快细菌的生长速度

二、多项选择题

1. 关于酒精灯的使用，下列说法正确的有(　　)。

A. 使用前应先检查灯芯，再检查酒精量

B. 禁止向燃着的酒精灯内添加酒精

C. 万一有酒精洒出在桌上燃烧，应立即吹熄

D. 用完酒精灯必须用灯帽盖灭

2. 某同学在完成平板划线分离培养后，在平皿中找不到单个菌落，出现这种现象的原因可能有(　　)。

A. 平板上有过多水分　　　　　　B. 划线时接种环未彻底灼烧

C. 多区划线时各区之间界限不明显　　D. 接种环取出菌种后未及时塞上棉塞

3. 平板划线分离技术适用于对(　　)的分离提纯。

A. 细菌　　　　　　B. 酵母菌　　　　　　C. 霉菌　　　　　　D. 放线菌

三、判断题(判断下列描述的正误，描述正确的在括号内填 A，错误的填 B)

(　　)1. 因酒精灯火焰外焰温度过高，故采用灼烧灭菌方法时应用内焰完成，以免发生爆炸等意外事故。

(　　)2. 在进行划线前，操作人员双手务必用70%酒精或者新洁尔灭消毒，确保无菌操作。

(　　)3. 某同学在对接种环灼烧灭菌后，发现接种环不平整，此时可用镊子将接种环修整后直接蘸取菌液。

(　　)4. 接种时，用左手拇指、食指及中指将皿盖一侧打开，右手拿接种棒，在酒精灯上方进行操作，以确保无菌。

( )5. 用酒精灯加热物体时，被加热的器具须放在支撑物(三脚架、铁环等)上或者用坩埚钳、试管夹夹持，绝不允许用手拿着进行加热。

( )6. 平板划线分离培养全部划线完毕后，需在平皿底部注明菌种、接种时间、接种人员等信息。

( )7. 为防止平板表面产生冷凝水，倒平板前培养基温度不能太高。

( )8. 划线时，接种环与平板间的夹角宜小，动作要轻巧，以防划破平板。

技能训练

1. 熟悉平板划线分离技术需要的器材，能在整个操作过程中实现无菌操作。
2. 按照要求规范操作。根据操作过程和结果，按表8-1进行评分。

表8-1　细菌平板划线分离技术评分标准

项目		分值	评分细则	扣分及记录
准备	观察	5	观察操作台面器具摆放位置，便于器具复位，无此过程扣5分	
	实验器材清点	5	逐一清点本项目需要的器材，如有缺失，立即举手报告，若存在器材缺失而未发现扣5分	
	消毒灭菌	10	消毒方式不正确酌情扣1~5分，消毒不彻底酌情扣除1~5分，若未消毒直接扣10分	
平板划线分离	材料取用	10	试管握持方式不对扣2分	
			取样前未按照要求对试管口过火消毒扣3分	
			取样过程中接种环与试管壁接触扣2分	
			蘸取菌液数量过多或过少(一环)扣3分	
	平板划线操作	60	皿盖打开缝隙过大或者过小扣7分	
			接种环刺破培养基扣5分	
			"Z字形"划线时，划线出现重复扣5分	
			分区划线各区划完，未进行灼烧灭菌操作的，出现一次扣5分	
			灼烧灭菌后冷却时间不够就进行操作扣5分	
			分区划线面积分配未按照要求(D>C>B>A)扣5分	
			分区划线时出现首尾两区相连，扣5分	
			划线结束后未对接种环进行灼烧灭菌扣5分	
			未在规定时间内完成操作扣5分，划线结束后未将培养皿倒置扣5分	
			划线结束后未对培养皿进行材料名称、接种时间标记的扣8分	
场地清理器具复位	消毒灭菌	5	操作完毕，未按照要求对操作台、操作者进行消毒的扣5分	
	物品归位	5	操作完毕，按要求对器具复位，若与原状有出入，出现一项扣1分，本项分值扣完为止	
			操作完毕，未对周围废弃物进行清理的扣2分	
			操作完毕，未将座椅置于操作台下的扣2分	
总分		100	得分	

考核评价

细菌平板划线任务考核评价表

考核项目	内容	分值	得分
技能操作(55分)	(1)了解平板划线的意义； (2)了解平板划线需要使用的器材； (3)熟悉各器材的正确使用方法	10	
	(1)掌握平板划线相关的理论知识； (2)能熟练规范地进行平板划线操作	45	
学习成效(20分)	拓展延伸	5	
	实训记录表	5	
	实训总结	5	
	小组总结	5	
思想素质(25分)	安全操作意识	5	
	纪律出勤	5	
	情感态度	5	
	团结协作	5	
	创新思维(主动发现问题、解决问题)	5	
合 计		100	
评价人员签字	1. 任课教师： 2. 实训指导教师： 3. 专业负责人：		

知识拓展

一、生物安全概念

生物安全是指生物的正常生存、发展以及人类的生命和健康不受人类开发利用活动侵害和损害的状态。简单来说，就是与生物有关的危害和风险，以及预防的应对措施。生物威胁不仅包括新型病毒等未知威胁，还包括长期困扰人类的各种已知威胁，如重大新突发传染病、动植物疫情、外来生物入侵、生物遗传资源和人类遗传资源的流失、实验室生物安全、微生物耐药性、生物恐怖袭击、生物武器威胁等，都属于生物安全的范畴。

二、典型案例

案例一：传染病

2020年1月底，内蒙古男子满某在短视频平台上宣称"某肺炎是美国向中国使用病毒基因武器造成的"。该视频播放量接近一万四千次，满某被刑拘并处罚款。

现身"说法"：《中华人民共和国生物安全法》第十七条规定，任何单位和个人不得编造、散布虚假的生物安全信息。

案例二：生物技术

2018年11月，某大学副教授贺某宣布，一对基因编辑双胞胎降生，她们天生抵抗艾滋病病毒。贺某被判处有期徒刑3年。

现身"说法"：《中华人民共和国生物安全法》第四十条规定，从事生物医学新技术临床研究，应当通过伦理审查。

案例三：人类基因组

2015年，某基因子公司未经许可，与牛津大学开展国际合作研究，将部分中国人类遗传资源信息传递出境，被科技部行政处罚。

现身"说法"：《中华人民共和国生物安全法》第五十七条规定，将我国人类遗传资源信息向境外组织、个人及其设立或者实际控制的机构提供或者开放使用的，应当向国务院科学技术主管部门事先报告并提交信息备份。

案例四：外来物种

2021年3月，北京海关截获4批伪瞒报植物种子，涉及番茄、辣椒、甜瓜等多个品种。

现身"说法"：《中华人民共和国生物安全法》第六十条规定，任何单位和个人未经批准，不得擅自引进、释放或者丢弃外来物种。

案例五：生物恐怖

2001年，上海男子肖某将装有虚假炭疽杆菌的邮件投寄到上海市有关部门及新闻单位，故意制造恐怖气氛，被判处有期徒刑四年。

现身"说法"：《中华人民共和国生物安全法》第六十一条规定，国家采取一切必要措施防范生物恐怖与生物武器威胁。

案例六：实验室安全

2019年，某生物药厂使用过期消毒剂，致废气灭菌不彻底，排放后导致10 528人布鲁氏菌抗体阳性，8名责任人被严肃处理。

现身"说法"：《中华人民共和国生物安全法》第五十二条规定，企业对涉及病原微生物操作的生产车间的生物安全管理，依照有关病原微生物实验室的规定和其他生物安全管理规范进行。

案例七：微生物耐药

2017年"3·15"晚会上，央视曝光某饲料企业在产品中违规添加抗微生物药物，可能导致动物和人产生耐药性，该企业负责人获刑十三年。

现身"说法"：《中华人民共和国生物安全法》第三十三条规定，国家加强对抗生素药物等抗微生物药物的使用和残留的管理。

项目九　缝合技术

训练目标

一、知识目标
1. 掌握常用手术器械的使用方法；
2. 掌握组织切开、连续缝合、结节缝合等缝合方法的技术要领；
3. 掌握方结、外科结、三叠结的打结方法；
4. 了解缝合技术需要的器材；
5. 了解常用的消毒方法。

二、能力目标
1. 能正确规范地进行消毒操作；
2. 能熟练使用手术器械进行组织切开；
3. 能熟练利用器械进行缝合与打结。

三、素质目标
1. 养成规范操作、无菌操作、环境保护的意识；
2. 培养精益求精、严谨务实的科学精神；
3. 具备较强的职业素养。

考纲要求

一、技能考点
1. 掌握器材准备、消毒等方法；
2. 掌握手术刀的使用方法；
3. 掌握常见的切开术式；
4. 掌握间断缝合、连续缝合等缝合方法及缝合针的使用方法；
5. 掌握器械打结的方法及注意事项；
6. 了解确定切口长度的技巧。

二、职业素养
1. 掌握无菌操作的目的与意义；
2. 了解动物福利相关政策。

任务　缝合技术

基础知识

一、器材准备、消毒等方法

（一）常用外科手术器械

手术刀、手术剪、手术镊、止血钳、持针钳、缝合针等。

（二）无菌术

无菌术是指在外科范围内防止伤口发生感染的一门综合预防性技术。无菌术主要采用消毒与灭菌方法来防止伤口感染。

灭菌是指用物理的方法来杀灭器械物品上附有的细菌，以防止接触感染的发生，如高压灭菌法。灭菌可杀灭真菌、孢子、病毒、立克次氏体、衣原体等。

消毒是指用适宜的化学消毒剂来消灭皮肤、伤口、物品、空气中的细菌的方法。消毒不能完全杀灭病原微生物。

临床上常用的灭菌和消毒法有煮沸灭菌法、高压蒸汽灭菌法、干热灭菌法、紫外线灭菌法、化学消毒法等。

二、缝合常用器械的使用

缝合常用的器械有手术刀、手术剪、手术镊、持针钳等。

（一）手术刀

手术刀有固定刀柄和活动刀柄两种。活动刀柄有不同型号的刀柄，并且有各种不同类型的刀片。

1. 常用刀柄

常用刀柄的规格为 3、5、7 号刀柄，安装 10、11、12、15 号刀片；4、6、8 号刀柄，安装 20、21、22、23、24 号刀片，见图 9-1 和图 9-2。

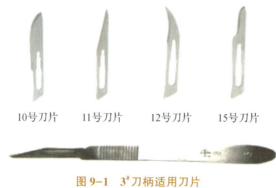

图 9-1　3″刀柄适用刀片

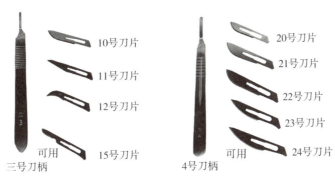

图9-2 4#刀柄适用刀片

2. 手术刀片装、取法

活动刀柄手术刀是由刀柄和刀片两部分构成的。安装新刀片时，左手握持刀柄，右手用持针钳夹持刀片，先使刀柄顶端两侧浅槽与刀片中孔上端狭窄部分衔接，向后轻压刀片，使刀片落于刀柄前端的槽缝内。取刀片时，用持针钳夹住刀片的尾端背侧，轻轻提起刀片，使其与刀柄凹槽分离，然后稍用力向前推动，将刀片从刀柄中取出，见图9-3和图9-4。

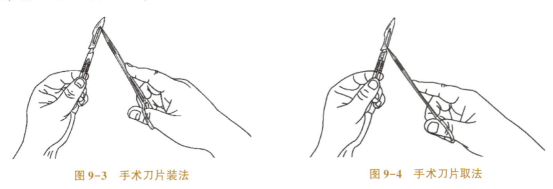

图9-3 手术刀片装法　　　　　　　图9-4 手术刀片取法

3. 执刀法

执刀法主要有指压式、执笔式、全握式、反挑式。

（1）指压式。以手指按刀背后1/3处，用手腕与手指力量切割。适用于切开皮肤、腹膜及切断钳夹组织，见图9-5。

（2）执笔式。如同执笔姿势，力量主要集中在手指，适用于进行短距离精细操作，如切开腹膜小口、分离神经、血管等，见图9-6。

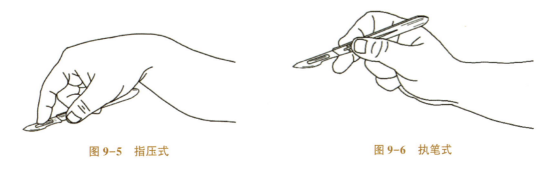

图9-5 指压式　　　　　　　图9-6 执笔式

（3）全握式。用手握住刀柄，力量集中在手腕，用于切割范围广、用力较大的切开，如切开较长的皮肤、筋膜、慢性增生组织等，见图9-7。

（4）反挑式。刀刃向上，由组织内向外挑开，以免损伤深部组织，如腹膜的切开，见图9-8。

图 9-7　全握式

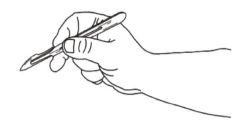

图 9-8　反挑式

(二)手术剪

1. 类型

手术剪有组织剪和剪线剪两种。组织剪的尖端较薄，要求剪刃锐利而精细，组织剪分大小、长短和弯、直几种。剪线剪头钝而直，刃较厚，应足够锋利，见图 9-9 和图 9-10。

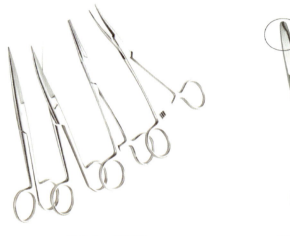

图 9-9　组织剪

图 9-10　剪线剪

2. 执剪法

手术剪的执剪法是将拇指和中指插入剪柄的两环内，不宜插入过深，食指轻压在剪的轴节处。拇指、中指、无名指控制手术剪开合，食指负责稳定和控制剪的方向，见图 9-11。

图 9-11　执剪方式

(三)手术镊

手术镊用于夹持、稳定或提起血管、神经及软组织以便剥离、切开或缝合，也用于夹持消毒棉球进行消毒操作。手术镊有有齿镊和无齿镊两种。有齿镊损伤性大，用于夹持硬组织；无齿镊损伤性小，用于夹持脆弱的组织及脏器。由于手术中多用右手持手术刀或手术剪进行手术，故用左手执手术镊，执镊方法是用拇指和中指执拿镊子的中部，见图 9-12~图 9-15。

图 9-12　执镊方法（1）

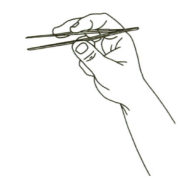
图 9-13　执镊方法（2）

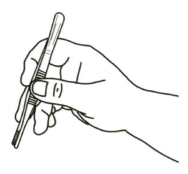
图 9-14　执镊方法（3）

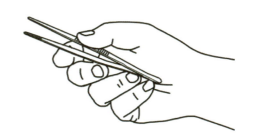
图 9-15　执镊方法（4）

(四)持针钳

持针钳用于夹持缝针缝合组织，常用的有两种：一种是钳式持针钳，另一种是握式持针钳，见图 9-16 和图 9-17。

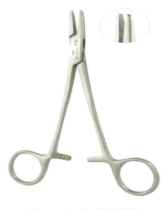
图 9-16　钳式持针钳

图 9-17　握式持针钳

持针钳多用于夹持弯针，使用握式持针钳时多用右手，用手握压钳柄，当发生 1~2 声响，即表示锁扣发生作用，已夹稳缝针。钳式持针钳的执法同手术剪，应适当用力锁上锁扣，以防松开。松钳时，将右手拇指与无名指套入柄环内，将拇指下压再稍前推即可；用左手持钳时，拇指及食指捏住一柄环，中指、无名指顶住另一柄环，二者相对用力，即可松开。

使用持针钳夹持缝针时，缝针应夹在靠近持针钳的尖端，或夹在齿槽床中间，否则易将针折断，一般应夹持缝针尾 1/3 处，见图 9-18~图 9-20。

图 9-18　执钳方法（1）

图 9-19　执钳方法（2）

图 9-20　执钳方法（3）

三、常见的组织切开和分离术式

组织切开，是打开手术通路、进行手术的重要步骤。组织分割可根据组织性质不同分为软组织分割和硬组织分割。软组织分割又分为锐性分割与钝性分割两种，前者多在皮肤、肌肉、浆膜、黏膜及腱等组织进行；后者多为组织间隙、扁平肌肉、肿瘤摘除及囊肿包膜外疏松结缔组织的剥离。

（一）组织切开的一般原则

（1）切口要靠近病变部位，切口大小、长度要适当，并使病变部位充分暴露。

（2）切口应避免损伤大血管、神经及腺体的输出管，以免影响机体功能。

（3）切开组织要整齐，力求一次切开，且手术刀必须与皮肤垂直，防止斜切，以便于缝合时使创缘接触密切。

（4）要有利于创液（特别是脓汁）的排出。

（5）因瘢痕组织缺乏弹性、再生能力弱，故二次手术时，要避免在瘢痕上切开。

（6）组织要分层切开，以便识别组织、止血和避免损伤血管、神经。

（二）软组织切开

1. 皮肤切开

（1）紧张切开。

在预定切口的两侧用拇指和食指紧紧固定皮肤后，先用手术刀垂直刺透皮肤，将刀倾斜45°，一直切至下角，再垂直止刀。然后将刀刃垂直于皮肤提出，防止切口两端成斜坡，或多次切开而使切口成锯齿状，造成不必要的皮肤损伤，影响创口愈合。较大的皮肤切口应由术者与助手在切口两旁或上下将皮肤展开固定后再作切开，见图 9-21~图 9-23。

图 9-21　皮肤紧张切开法（1）

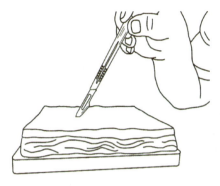

图9-22 皮肤紧张切开法(2)

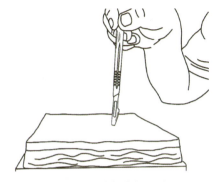

图9-23 皮肤紧张切开法(3)

(2)皱襞切开。

将欲切开部位两侧的皮肤用手或镊子提拉呈垂直皱襞，在皱襞中央自上而下切开皮肤。皱襞切开一般用于皮肤移动性较大的部位以及切口下有大血管、大神经、分泌管、重要器官的部位。手术中，皮肤切口一般为直线形，但可根据需要作梭形、"U"形、"T"形及"十"字形切开，见图9-24。

2. 皮下疏松结缔组织的分割

由于皮下疏松结缔组织中有许多小血管，故多用钝性分离。方法是先将组织切一小口，再用刀柄、止血钳或手指进行分离。

3. 筋膜和腱膜的分割

方法是先用刀在中央切一小口，然后用弯止血钳在切口上、下将筋膜与下层组织分开，再剪开筋膜。若筋膜下有神经血管，可用手术镊将筋膜提起，切一小口，再插入有钩探针引导切开。

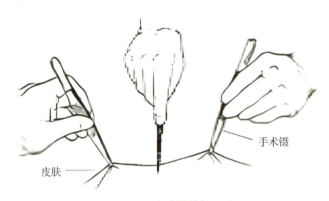

图9-24 皮肤皱襞切开法

4. 肌肉的分割

一般沿肌纤维方向用刀柄、止血钳或手指进行钝性分离，将切口扩大到所需的长度，但为了使手术通路广阔和便于排液，也可横断切开。遇有横过切口的血管可用止血钳钳夹，或用细缝线作双重结扎后，再从中间将血管切断，见图9-25。

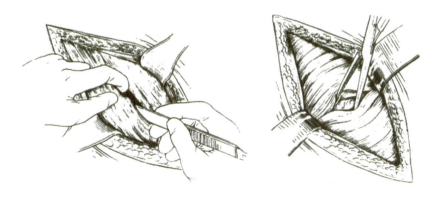

图9-25 肌肉的钝性分离

5. 腹膜切开

为了避免伤及内脏，术者和助手要用手术镊或止血钳夹起腹膜，术者先用手术刀在腹膜的皱襞上切一小口，再利用食指和中指或有钩探针引导，然后用手术刀反挑或手术剪分离，见图9-26。

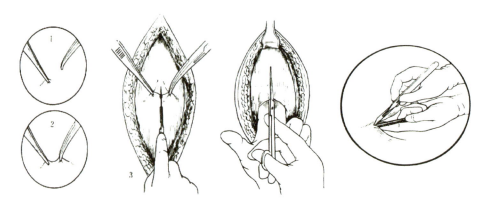

图 9-26　腹膜切开法

6. 肠管的切开

肠管侧壁切开时，一般在肠管的纵带上或肠系膜对侧，一次纵行切开肠壁全层，并应避免伤及对侧肠壁。

7. 胃、子宫的切开

胃的切开一般选在胃大弯上、血管较少处进行切开。子宫的切开同样在子宫大弯、血管较少处，牛、羊子宫切开时还应注意避开母体胎盘子叶。

8. 索状组织的分离

索状组织（如精索）的分离，除用手术刀（剪）作锐性切断外，也可用刮断、拧断等钝性分离方法，以减少出血。

（三）硬组织的分离

进行骨组织分离之前，首先应分离骨膜。分离骨膜时，先用手术刀切开骨膜（切成"十"字形或"T"字形），然后用骨膜分离器分离骨膜。分离骨组织时一般是用骨剪剪断或骨锯锯断，骨的断端应使用骨锉锉平其锐缘，以免损伤软组织，并清除骨片或骨屑，以免遗留在手术创口内引起不良反应和影响愈合。

蹄和角的分离也属于硬组织分离。蹄角质可用蹄刀、蹄刮挖除，浸软的蹄壁可用柳叶刀切开。蹄壁上裂口的闭合可用骨钻、锔子钳和锔子。牛、羊断角时可用骨锯和断角器。

（四）组织切开的注意事项

（1）要注意控制进刀深度，使切口深度一致。

（2）切口大小、长度要适当，一般长度为3~5 cm 即可。

（3）切开组织要整齐，力求一次切开。

（4）手术刀必须与皮肤、肌肉垂直，防止斜切，以便缝合。

四、缝合针的使用及缝合方法

（一）缝合针

1. 缝合针类型

缝合针分为无眼缝合针和有眼缝合针。带线缝合针，即无眼缝针，又被称为"无损伤缝针"。有眼缝合针以针孔不同分为两种，一种为穿线孔缝合针，另一种为弹机孔缝合针。

2. 缝合针规格

缝合针有直型、1/2弧型、3/8弧型和半弯型，见图9-27。

图 9-27 缝合针规格

(a)直型；(b)1/2弧型；(c)3/8弧型；(d)半弯型

3. 缝合针针头类型

缝合针针头分为圆锥形和三角形。三角形针有锐利的刃缘，能穿过较厚致密组织，适用于皮肤、腱、筋膜及瘢痕组织缝合；圆锥形针用于胃肠、子宫、膀胱等的缝合。

(二)缝合线

缝合线用于闭合组织和结扎血管，分为吸收和不吸收两类。

动物专用可吸收缝合线——PGA，型号有 2.0、3.0、4.0，针头分为圆锥形和三角形，可直接用于缝合。兽用可吸收羊肠线，型号有 7、10、12、18 号，带针或不带针，可被组织吸收、免拆。缝合时不可用持针钳、止血钳夹持肠线，也不能将其扭折，防止肠线皱裂易断。使用肠线结扎时，由于结扎处易松脱，故须用三叠结；且剪断的线头应较长，以免松脱。

丝线也是外科手术中常用的缝合线，其优点是柔韧，质软不滑，拉力较好。丝线有许多号，号越大，线越粗。大型家畜皮肤、肌肉缝合用 9~12 号丝线；小血管结扎及内脏、肠管缝合用 1~5 号丝线。对丝线进行灭菌时，时间不能过长，以免影响其拉力。由于丝线不能被吸收，在不影响手术效果的前提下，应尽量选用细丝线，并减少用线量。

缝线穿入缝针时，两端长度应为 3∶1 或 4∶1，不能等长。

(三)缝合准备

1. 消毒

先清除创口内异物，对污染切口进行消毒。若为刚切开的新鲜切口，则不需要消毒。

2. 穿缝线

从外侧穿入内侧；缝线两端长度为 1∶3~4。有的缝合针带有缝线。

3. 钳缝针

用持针钳夹持缝合针，应钳持在针尾 1/3 处；钳持在持针钳的中部或前端；将缝线在持针钳缠绕一圈，放在右手上拿好，见图 9-28。

(四)确定缝合的方法

1. 缝合的基本原则

(1)严格遵守无菌操作。所有器械、缝线等不得与桌面及衣服接触，不用时只能放于操作盘内。

(2)缝合前必须检查切口内有无异物。

(3)缝针刺入和穿出部位应彼此相对，距创缘的距离也应相等。

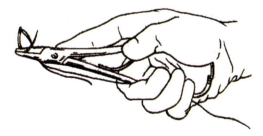

图 9-28 钳缝针

(4)缝合时要使创缘平整接合，创缘不可内翻或外翻，单层缝合要通过创底，不能留有死腔。

(5)应做同层缝合，缝线打结要适当收紧，要防止留有缝隙也要防止拉得过紧。

2. 常见的缝合种类

缝合的种类很多，常见的有间断缝合、连续缝合。

（1）间断缝合。

①结节缝合。

结节缝合是最常用的基本缝合法，是用带有15~25 cm缝线的缝针，于创缘一侧垂直刺入，于对侧相应的部位穿出并进行打结。一般进针和出针距创缘0.5~1 cm，线距为1.0~1.5 cm。直线切口的缝合可从切口的中央开始缝合，然后在每段的中间处下针，直至缝合好，见图9-29。

②"8"字缝合。

"8"字缝合又称双间断缝合，由2个相反方向交叉的间断缝合组成，分为内"8"字形和外"8"字形2种，多用于腹白线、肌肉、腱或由数层组织形成的深创的缝合，见图9-30。

图9-29 结节缝合

图9-30 "8"字缝合

③减张缝合。

减张缝合应用在张力过大的皮肤缝合，以防止缝线扯裂创缘组织。在结节缝合的基础上，用缝线每隔2~3针缝1针减张缝合，即针的进、出点距创缘2~4 cm，然后打结。为了减小线对皮肤的压力，可在线的两端缚以适当粗细的消毒纱布卷或橡皮管作为圆枕，称圆枕减张缝合。也可在缝线上套上胶管，在创口的一侧打结，见图9-31。

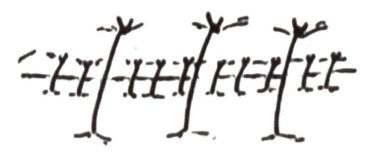
图9-31 减张缝合

④钮孔状缝合。

钮孔状缝合又称褥垫缝合，分为水平、垂直与重叠3种缝合法，前2种用于张力较大的皮肤和腱的缝合及治疗子宫、阴道脱出的缝合固定，重叠钮孔状缝合多用于修补疝轮，见图9-32。

（2）连续缝合。

①单纯连续缝合。

用一条长的缝线自始至终连续地缝合一个创口，最后打结。第一针和打结操作与结节缝合相同，以

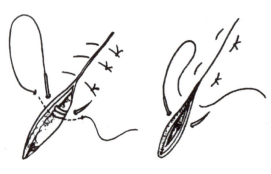
图9-32 间断垂直褥式缝合

后每缝一针以前对合创缘，避免创口形成皱褶，使用同一缝线以等距离缝合，拉紧缝线，最后留下线尾，在一侧打结。常用于具有弹性、无太大张力的较长创口，如皮肤、皮下组织、筋膜、血管、胃肠道缝合，见图9-33。

②连续锁边缝合。

这种缝合方法与单纯连续缝合基本相似。在缝合时每次将缝线交锁，此种缝合能使创缘闭合良好，并使每一针缝线在进行下一次缝合前就得以固定。多用于皮肤直线形切口及薄而活动性较大的部位缝合，见图9-34。

图9-33　单纯连续缝合

图9-34　连续锁边缝合

③伦伯特缝合。

伦伯特缝合是胃肠手术的传统缝合方法，又称垂直褥式内翻缝合法。伦伯特缝合用于胃肠、子宫、膀胱等空腔器官的缝合，用以缝合浆膜肌层。伦伯特缝合分为间断与连续两种，常用的为间断伦伯特氏缝合法，见图9-35和图9-36。

图9-35　间断伦伯特氏缝合法

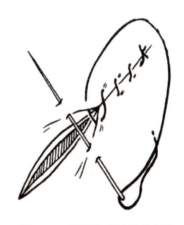
图9-36　连续伦伯特氏缝合法

④库兴氏缝合。

库兴氏缝合于切口一端开始先做一浆膜肌层间断内翻缝合，再用同一缝线平行于切口做浆膜肌层连续缝合至切口另一端。库兴氏缝合适用于胃、子宫浆膜肌层缝合。这一缝合方法仅在缝合时要将缝针贯穿全层组织，当将缝线拉紧时，则肠管切面即翻向肠腔，见图9-37。

⑤康乃尔氏缝合。

康乃尔氏缝合与库兴氏缝合相同，仅在缝合时缝针要贯穿全层组织，当将缝线拉紧时，则肠管切面即翻向肠腔。多用于胃、肠、子宫壁缝合，见图9-38。

图 9-37 库兴氏缝合

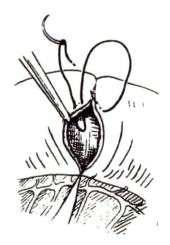

图 9-38 康乃尔氏缝合

(五)进针

(1)右手握持针钳,左手拿镊子。

(2)缝针从创口的一侧(距切口约 0.5 cm)垂直进针。

(3)穿针时顺着针的弧度(倒腕)用力刺向对侧。

(4)在对侧相应位置(进针与出针的位置与切口对称)出针,也可在切口中出针,然后从切口内相应位置进针,在对侧相应位置出针。

(六)出针

(1)夹针。当针尖从对侧出针时,左手立即用镊子夹持缝针,两手同时用力,一送一拉。

(2)松钳。缝针刺出一定距离后用镊子夹住,握持针钳的手后退松开持针钳。

(3)钳针。立即用持针钳钳住左侧刺出的缝针。

(4)拔针。松开镊子拿于左手,用持针钳顺缝针的弧度拔出缝合针。

(七)打结

见下文"五、器械打结方法及注意事项"。

(八)剪线

术者将双线尾提起,用稍张开的剪刀尖沿着拉紧的缝线滑至结扣处,再将剪刀稍倾斜,将缝线剪断,剪刀倾斜的角度取决于要留线头的长短。一般缝线在结节后留 3~5 mm,见图 9-39。

图 9-39 剪线方法

(九)矫正创口

缝合结束后，一定要用手术镊或止血钳对创口进行矫正。

创口矫正完毕，需用碘酒或酒精棉球对切口及缝线进行消毒，要注意消毒方法，只能点触，不可来回揉搓。

五、器械打结方法及注意事项

(一)结的种类

常用的结有方结、三叠结和外科结。

1. 方结(平结)

方结是最常用的结，用于结扎较小血管和进行各种缝合时的打结，不易滑脱。

2. 三叠结(加强结)

三叠结是在方结的基础上加一个结，共3个结。较牢固，常用于张力较大部位的缝合，如大血管和肠线的结扎。

3. 外科结

打第一个结时绕两次，使摩擦面增大，打第二个结时不易滑脱和松动。此结牢固可靠，多用于大血管、张力较大的组织和皮肤的缝合。

(二)错误结

错误结有假结和滑结。

1. 假结(斜结)

此结易松脱。

2. 滑结

打方结时，两手用力不均，只拉紧一根线，故虽两手交叉打结，结果仍形成滑结而非方结，也易滑脱。

(三)打结方法

1. 单手打结法

适合于各部的结扎，是最常用的打结方法。

2. 双手打结法

除用于一般结扎外，对深部或组织张力较大的缝合打结较为可靠、方便。

3. 器械打结法

用持针钳或止血钳打结，见图9-40。

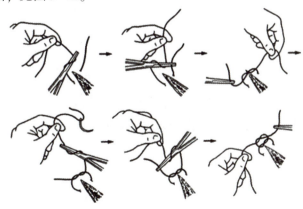

图9-40 器械打结法

(四)打结应注意的事项

(1)打结时,第一结与第二结的方向不能相同,否则即成假结。
(2)两手用力不均时则打成滑结。
(3)收紧缝线时,左右手的用力点应与结扎点成一直线,并应压向结扎的组织,避免向上提起。
(4)缝线的松紧度要适宜。
(5)结节应位于创口的同侧,不能打在创口上。

六、器具归位,整理工作现场

(1)拆除刀片,去掉残留的缝合线等。
(2)将所有用过的手术器械清理干净,然后放入器械盘内,用酒精消毒备用。
(3)将用过的酒精棉球、残留的短线头等放入医疗废弃缸内。
(4)脱掉乳胶手套放入医疗废弃缸。
(5)将操作台上的物品按照原来的位置摆放整齐。
(6)把桌面清洁干净。
(7)将医疗废弃缸内的垃圾倒入指定的垃圾桶。

实践操作

一、准备工作

清理提供的缝合实验器材,确定是否穿好手术服,对手臂进行消毒。

手臂消毒方法:将手、臂用肥皂清洗干净后,分别用3%的碘酒涂于手指皱纹处,最后用75%的酒精脱碘。若考试时只有酒精,则直接用手术镊夹酒精棉球擦拭手的各部位,尤其是指甲缝和皱纹处。

二、戴外科乳胶手套

拿到手套后,找到手套口的翻折部,分别捏住取出手套,分辨左右手。左手捏住两只手套的翻折部,露出右侧手套口,将右手插入手套内。用已戴上手套的右手除拇指的四个手指插入左手手套口翻折的内面,帮助左手插入手套,顺势将左手手套翻折部翻回并盖住手术衣袖口。注意,已戴手套的手不可触及手套内面,未戴手套的手不可触及手套外面。再用左手四指插入右手套的翻折部内面,翻回盖住手术衣的袖口。

三、消毒

将组织模型(或实物)置于操作台正前方,用手术镊夹取酒精棉球对预订切口进行消毒。

方法:一般术部涂以5%的碘酊,间隔2 min后再涂一遍,待碘酊干后用75%的酒精脱碘。清洁手术部应由中心向外环形涂擦,感染手术创部则应由创口周围向创口中心逐渐缩小。

四、组装手术刀

打开器械盒,用持针钳将刀片安装在手术刀柄上。若器械盒上未标明"已消毒"字样,则需要用酒精棉球消毒手术刀及所需用到的各种缝合器械。消毒后的器械不得与操作台及其他未消毒的物品接触。

五、组织切开

组织切开、组织分离是打开手术通路、进行手术的重要步骤。组织分割可根据组织性质不同分为软组织分割和硬组织分割。软组织分割又分为锐性分离与钝性分离两种，前者多在皮肤、肌肉、浆膜、黏膜及腱等组织进行；后者多用于组织间隙、扁平肌肉、肿瘤摘除及囊肿包膜外疏松结缔组织的剥离。

六、缝合

选择正确的方法对创口进行缝合。

七、器具归位，整理工作现场

(1)拆除刀片，去掉残留的缝合线等。
(2)将所有用过的手术器械清理干净，然后放入器械盘内，用酒精消毒备用。
(3)将用过的酒精棉球、残留的短线头等放入医疗废弃缸内。
(4)脱掉乳胶手套放入医疗废弃缸。
(5)将操作台上的物品按照原来的位置摆放整齐。
(6)把桌面清洁干净。
(7)将医疗废弃缸内的垃圾倒入指定的垃圾桶。

同步练习

基础知识练习

一、单项选择题

1. 当需要进行深层动物组织切割时，推荐使用的手术刀执刀姿势是(　　)。
   A. 执笔式　　　　　B. 全握式　　　　　C. 指压式　　　　　D. 反挑式
2. 在进行动物神经血管分离时，最适合的执刀方式是(　　)。
   A. 全握式　　　　　B. 指压式　　　　　C. 执笔式　　　　　D. 反挑式
3. 在动物缝合手术中，对伤口愈合最为关键的因素是(　　)。
   A. 缝合速度　　　　B. 缝合线的材质　　C. 缝合线的粗细　　D. 伤口的清洁度
4. 在动物缝合手术中，选择缝合线时不需要考虑(　　)。
   A. 动物皮肤的厚度　　　　　　　　　B. 伤口愈合的时间预期
   C. 缝合线的美观性　　　　　　　　　D. 缝合线的抗张强度
5. 皮肤常用的缝合方法是(　　)。
   A. 内翻缝合　　　　B. 结节缝合　　　　C. 连续缝合　　　　D. 荷包缝合
6. 在进行较长的皮肤切割时，最适合的执手术刀姿势是(　　)。
   A. 执笔式　　　　　B. 全握式　　　　　C. 指压式　　　　　D. 反挑式
7. 能避免损伤深部组织的执手术刀姿势是(　　)。
   A. 全握式　　　　　B. 反挑式　　　　　C. 执笔式　　　　　D. 指压式

8. 分离血管神经时，最适合的执刀姿势为(　　)。

A. 全握式　　　　　B. 指压式　　　　　C. 执笔式　　　　　D. 反挑式

9. 在动物缝合手术中，对伤口愈合最为关键的因素是(　　)。

A. 缝合速度　　　B. 缝合线的材质　　　C. 缝合线的粗细　　　D. 伤口的清洁度

10. 全握式又称(　　)。

A. 抓持式　　　　　B. 餐刀式　　　　　C. 挑起式　　　　　D. 指压式

二、多项选择题

1. 结节缝合适用于(　　)。

A. 皮肤　　　　　B. 肌肉　　　　　C. 肠　　　　　D. 腹膜

2. 缝合的基本原则有(　　)。

A. 严格遵守无菌操作　　　　　　　　B. 缝合前必须检查切口内有无异物

C. 缝针刺入和穿出部位应彼此相对　　D. 缝合时要使创缘平整接合

3. 在动物缝合手术中，常用的缝合材料有(　　)。

A. 可吸收缝合线　　B. 不可吸收缝合线　　C. 金属丝　　D. 合成材料缝合线

三、判断题（判断下列描述的正误，描述正确的在括号内填 A，错误的填 B）

(　)1. 在动物缝合手术中，执笔式是最常用于精细操作的执手术刀姿势。

(　)2. 在动物缝合手术中，切口越大越有利于伤口愈合。

(　)3. 在动物缝合手术打结时，结节应位于创口的同侧，不能打在创口上。

(　)4. 在动物缝合手术中，缝合线用量越多越好，缝得越紧越好。

(　)5. 在动物缝合手术中，缝合时应严格遵守无菌操作。

(　)6. 在动物缝合手术中，方结适用于结扎较小的血管，不容易滑脱。

(　)7. 在动物缝合手术中，外科结多用于大血管、张力较大组织和皮肤的缝合。

(　)8. 在动物缝合手术中，打结时需要避免假结和滑结。

技能训练

1. 熟悉缝合需要的器材，整个过程要求无菌操作。

2. 按照缝合相关要求进行规范操作。根据操作过程和结果，按表9-1进行评分。

表9-1　缝合技术评分标准

	项目	分值	评分细则	扣分及记录
准备	观察	5	观察操作台面器具摆放位置，便于器具复位。无此过程扣5分	
	实验器材清点	5	逐一清点需要的器材，如有缺失，立即举手报告，若存在器材缺失情况而未发现扣5分	
	消毒灭菌	5	消毒方式不正确酌情扣1~5分，消毒不彻底酌情扣除1~5分，若未消毒直接扣5分	
	戴外科乳胶手套	5	正确戴外科乳胶手套加5分，不正确扣5分	

项目九　缝合技术

续表

项目		分值	评分细则	扣分及记录
缝合过程	组织切开	20	手术刀组装不正确扣2分	
			组织切开前未进行消毒处理扣3分	
			切开过程中执刀姿势不正确扣2分	
			切开过程中导致其他组织损伤扣4分	
			切口深浅、长短不正确扣3分	
			切口未靠近指定位置(病变部位)扣3分	
			切口创面不整齐扣3分	
	组织缝合	30	未严格遵守无菌操作扣5分	
			缝针刺入与穿出不对称扣5分	
			缝合创面不平整扣5分	
			未按照同层缝合原则进行操作扣5分	
			缝合时出现松紧不一致扣5分	
			出现死腔扣5分	
	打结	20	打结过程中出现假结扣5分	
			打结过程中出现滑结扣5分	
			未能根据组织类型正确选择打结类型的扣5分	
			留线长短不规范酌情扣1~3分	
			打结操作不熟练酌情扣1~2分	
场地清理器具复位	消毒灭菌	5	操作完毕，未按照要求对操作台、操作者进行消毒的扣5分	
	物品归位	5	操作完毕，按要求对器具复位，若与原状有出入，出现一项扣1分，本项分值扣完为止	
			操作完毕，未对周围废弃物进行清理的，扣2分	
			操作完毕，未将座椅置于操作台下的扣2分	
总分		100	得分	

考核评价

缝合技术考核评价表

考核项目	内容	分值	得分
技能操作(65分) (以小组为单位考核)	缝合操作	40	
	理论知识掌握	25	
学习成效(20分)	拓展作业	5	
	实习小结	5	
	实习总结	5	
	小组总结	5	

续表

考核项目	内容	分值	得分
思想素质(15分)	安全规范生产	3	
	纪律出勤	3	
	情感态度	3	
	团结协作	3	
	创新思维(主动发现问题、解决问题)	3	
合计		100	
评价人员签字	1. 任课教师： 2. 实习指导教师： 3. 专业带头人： 4. 动物医院或诊所(企业或行业)技术员：		

备注：使用手术刀、缝合针时要注意安全，防止受伤或伤到他人。手术器械使用后要及时清洗消毒，避免污染。手术刀应立即放入专用刀具盒，缝合针(非一次性)放置于针盒中，避免误伤。手术刀片、乳胶手套、棉签、纱布等必须放入医疗废弃缸。如不按规定操作，视情节和态度扣除个人成绩20~40分，小组成员同时扣除安全生产及团结协作成绩，情节严重的将按照相关处理办法进行违纪处理。

参 考 答 案

项目一　显微镜结构与操作

一、单项选择题
1. A　2. B　3. D　4. C　5. B　6. D　7. D　8. C　9. A　10. C
二、多项选择题
1. ACD　2. ABCD　3. BCD
三、判断题
1. B　2. B　3. A　4. B　5. A　6. A　7. B　8. B

项目二　常见作物主要病虫害识别与防治

任务1　水稻病虫害识别与防治

一、单项选择题
1. B　2. B　3. B　4. A　5. D　6. C　7. C　8. B　9. A　10. C　11. D　12. D
二、多项选择题
1. ACD　2. ABCD　3. ABCD　4. ABCD　5. ABCD　6. ABCD　7. ABCD
三、判断题
1. A　2. A　3. A　4. B　5. A　6. A　7. B　8. B　9. A　10. B

任务2　小麦病虫害识别与防治

一、单项选择题
1. A　2. C　3. C　4. A　5. B　6. A　7. C　8. D　9. C　10. A　11. B　12. C
二、多项选择题
1. ABCD　2. ABC　3. ABD　4. ABD　5. AB　6. CD　7. ACD
三、判断题
1. B　2. A　3. A　4. A　5. A　6. B　7. A　8. A　9. B　10. B

任务3　玉米病虫害识别与防治

一、单项选择题
1. B　2. B　3. B　4. B　5. C　6. A　7. A　8. D　9. C　10. D　11. D　12. D
二、多项选择题
1. ABC　2. ABC　3. ABCD　4. ABCD　5. ABCD　6. ABCD　7. BC
三、判断题
1. B　2. A　3. B　4. A　5. B　6. A　7. B　8. A　9. A　10. A

任务4 黄瓜病虫害识别

一、单项选择题
1. C   2. A   3. B   4. A   5. A   6. A   7. A   8. A   9. A   10. B   11. C   12. D

二、多项选择题
1. ABCD   2. BC   3. ABC   4. BCD   5. AB   6. ABC   7. ACD

三、判断题
1. A   2. B   3. A   4. A   5. B   6. A   7. B   8. B   9. B   10. B

任务5 柑橘病虫害识别

一、单项选择题
1. B   2. A   3. C   4. D   5. A   6. D   7. D   8. B   9. A   10. D   11. D   12. B

二、多项选择题
1. ABCD   2. AB   3. ABC   4. ABC   5. ABC   6. ABCD   7. BCD

三、判断题
1. A   2. B   3. A   4. A   5. B   6. A   7. B   8. B   9. A   10. B

*任务6 食品安全＆昆虫标本制作

一、单项选择题
1. A   2. C   3. C   4. B   5. B   6. A   7. C   8. B

二、多项选择题
1. ABC   2. ABCD   3. ABD   4. ABCD   5. ABCD

三、判断题
1. A   2. A   3. B   4. A   5. A   6. B   7. B

项目三 植物嫁接技术

任务1 木本植物切接技术

一、单项选择题
1. D   2. C   3. A   4. B   5. D   6. C   7. B   8. D

二、多项选择题
1. ABCD   2. ABC   3. ABCD

三、判断题
1. A   2. A   3. A   4. B   5. B   6. B   7. A   8. B

项目四 红墨水法快速测定种子生活力(玉米)

一、单项选择题
1. B   2. D   3. A   4. B   5. D   6. B   7. C   8. D   9. D   10. D

二、多项选择题
1. ABC   2. BCD   3. ABD

三、判断题

1. B 2. B 3. A 4. B 5. B 6. A 7. A 8. A

项目五　测定作物种子的千粒重(小麦)

一、单项选择题

1. D 2. B 3. A 4. B 5. B 6. B 7. D 8. B 9. A 10. B

二、多项选择题

1. BCD 2. ABC 3. ABD

三、判断题

1. B 2. A 3. A 4. A 5. A 6. B 7. B 8. A

项目六　畜禽品种识别

任务1　鸡的品种识别

一、单项选择题

1. C 2. D 3. C 4. B 5. D 6. C 7. D 8. C 9. A 10. A 11. B 12. B

二、多项选择题

1. ABC 2. ABCD 3. AB 4. ABC 5. ABC

三、判断题

1. A 2. A 3. A 4. A 5. A 6. B 7. B 8. B 9. A 10. A

任务2　猪的品种识别

一、单项选择题

1. B 2. D 3. A 4. C 5. B 6. B 7. A 8. B 9. A 10. B 11. A 12. A

二、多项选择题

1. BC 2. ACD 3. ABD 4. AC 5. ABCD 6. ABC 7. ABCD

三、判断题

1. A 2. A 3. A 4. B 5. B 6. B 7. B 8. A 9. A 10. B

任务3　牛的品种识别

一、单项选择题

1. A 2. B 3. D 4. B 5. C 6. B 7. D 8. D 9. A 10. C 11. C 12. C

二、多项选择题

1. CD 2. ABCD 3. ABC 4. ABD 5. BC 6. ACD 7. AB

三、判断题

1. A 2. B 3. A 4. A 5. A 6. B 7. A 8. A 9. A 10. B

项目练习

一、单项选择题

1. B 2. D 3. C 4. A 5. D 6. C 7. D 8. D 9. C 10. B 11. A 12. A 13. C 14. A 15. D

二、多项选择题

1. ABC 2. ACD 3. ABCD 4. ABCD

三、判断题

1. B 2. B 3. B 4. B 5. A 6. A 7. B 8. A 9. B

项目七 猪、鸡器官识别

任务1 猪的器官识别

一、单项选择题

1. A 2. B 3. A 4. D 5. B 6. B 7. A 8. A 9. B 10. A

二、多项选择题

1. ABCD 2. AB 3. CD

三、判断题

1. B 2. B 3. B 4. A 5. A 6. B 7. A 8. B

任务2 鸡的器官识别

一、单项选择题

1. C 2. C 3. C 4. C 5. C 6. B 7. C 8. B 9. A 10. D

二、多项选择题

1. AB 2. AC 3. AB

三、判断题

1. A 2. B 3. A 4. A 5. A 6. B 7. A 8. A

项目八 细菌平板划线分离技术

一、单项选择题

1. D 2. A 3. D 4. B 5. C 6. C 7. C 8. D 9. D 10. C 11. D 12. C 13. D 14. C 15. D 16. B

二、多项选择题

1. ABD 2. ABC 3. AB

三、判断题

1. B 2. B 3. B 4. B 5. A 6. A 7. A 8. A

项目九 缝合技术

一、单项选择题

1. B 2. C 3. D 4. C 5. B 6. B 7. B 8. C 9. D 10. A

二、多项选择题

1. AB 2. ABCD 3. ABD

三、判断题

1. B 2. B 3. A 4. B 5. A 6. A 7. A 8. A

参 考 文 献

[1] 宋志伟. 植物生产与环境[M]. 4版. 北京：高等教育出版社，2023.
[2] 王新燕. 种子质量检测技术[M]. 北京：中国农业大学出版社，2008.
[3] 冯艳梅，肖启明. 植物保护技术[M]. 3版. 北京：高等教育出版社，2019.
[4] 肖启明，欧阳河. 植物保护技术[M]. 2版. 北京：高等教育出版社，2005.
[5] 邱强. 作物病虫害诊断与防治彩色图谱[M]. 北京：中国农业科学技术出版社，2013.
[6] 董伟，张立平. 蔬菜病虫害诊断与防治彩色图谱[M]. 北京：中国农业科学技术出版社，2012.
[7] 邱强. 果树病虫害诊断与防治彩色图谱[M]. 北京：中国农业科学技术出版社，2013.
[8] 2023年全国职业院校技能大赛(中职组)植物病虫害防治赛项比赛规程[EB/OL]. [2023-04-25]. HTTP：//WWW.CHINASKILLS-JSW.ORG/_IMG/2023/07/31/20230731092710667.PDF.
[9] 殷华林. 林果生产技术(南方本)[M]. 北京：高等教育出版社，2002.
[10] 陈杰. 林果生产技术(南方本)[M]. 2版. 北京：高等教育出版社，2023.
[11] 张凤仪，张晨，赵跃红. 蔬菜嫁接育苗图解[M]. 北京：金盾出版社，2010.
[12] 尤明珍，张玲. 禽的生产与经营[M]. 2版. 北京：高等教育出版社，2022.
[13] 吴建华，朱文进. 猪的生产与经营[M]. 2版. 北京：高等教育出版社，2022.
[14] 兰俊宝，王中华. 牛的生产与经营[M]. 2版. 北京：高等教育出版社，2022.
[15] 关于公布《国家畜禽遗传资源品种名录》的通知[EB/OL]. [2020-05-29]. https://www.gov.cn/zhengce/zhengceku/2020-06/01/content_5516427.htm.
[16] 中国畜禽遗传资源委员会. 中国畜禽遗传资源志 猪志[M]. 北京：中国农业出版社，2011.
[17] 中国畜禽遗传资源委员会. 中国畜禽遗传资源志 家禽志[M]. 北京：中国农业出版社，2011.
[18] 中国畜禽遗传资源委员会. 中国畜禽遗传资源志 牛志[M]. 北京：中国农业出版社，2011.
[19] 全国畜牧总站组. 畜禽主导品种简介[M]. 北京：中国农业大学出版社，2021.
[20] 夏风竹，何立宁. 幼猪饲养实用手册[M]. 石家庄：河北科学技术出版社，2013.
[21] 汤喜林，施立光，陈秋菊. 肉牛健康养殖与疾病防治[M]. 北京：中国农业大学出版社，2021.
[22] 魏刚才. 种草养牛[M]. 北京：机械工业出版社，2017.
[23] 刘振湘. 养禽与禽病防治[M]. 2版. 北京：中国农业大学出版社，2014.
[24] 王恬，陈桂银. 畜禽生产[M]. 北京：高等教育出版社，2002.
[25] 国家家养动物种质资源库[EB/OL]. https://cdad-is.org.cn/admin/Login/index.html.
[26] 中华人民共和国农业部. 北京油鸡：NY/T 1449-2007[S/OL]. 北京：中国科学技术出版社，2007.
[27] 孟婷，徐金花. 畜禽解剖生理[M]. 4版. 北京：高等教育出版社，2021.
[28] 张平，白彩霞，杨惠超. 动物解剖生理[M]. 北京：中国轻工业出版社，2020.
[29] 尤明珍，王志跃. 禽的生产与经营[M]. 北京：高等教育出版社，2006.
[30] 宋俊平. 畜禽疫病防治[M]. 3版. 北京：高等教育出版社，2020.
[31] 查尔斯，马吉. 兽医临床实验室检验手册[M]. 5版. 夏兆飞，译. 北京：中国农业出版社，2010.
[32] 姚火春. 兽医微生物学实验指导[M]. 2版. 北京：中国农业出版社，2007.

[33]王冬梅.微生物学实验指导[M].北京:科学出版社,2017.

[34]朱金凤.兽医基础[M].3版.北京:高等教育出版社,2021.

[35]曼,格奥尔基,尹永勋.小动物外科基础训练[M].黄坚,林德贵,译.北京:中国农业出版社,2013.

[36]特雷莎·韦尔奇·福萨姆.小动物外科手术学[M].5版.袁占奎,主译.武汉:湖北科学技术出版社,2020.

[37]吴敏秋.兽医临床诊疗技术[M].5版.北京:中国农业大学出版社,2021.